U0272068

农田人参

种植理论与实践

◎ 许永华　杨　鹤　许成俊　赵晓龙　著

中国农业科学技术出版社

图书在版编目（CIP）数据

农田人参种植理论与实践／许永华等著. —北京：中国农业科学技术
出版社，2020.9

ISBN 978-7-5116-5026-9

Ⅰ.①农… Ⅱ.①杨… Ⅲ.①人参-栽培技术 Ⅳ.①S567.5

中国版本图书馆 CIP 数据核字（2020）第 177459 号

责任编辑 闫庆健
文字加工 孙 悦
责任校对 李向荣

出 版 者 中国农业科学技术出版社
　　　　　 北京市中关村南大街 12 号　邮编：100081
电　　话 （010）82106632（编辑室）　（010）82109702（发行部）
　　　　　 （010）82109709（读者服务部）
传　　真 （010）82106650
网　　址 http://www.castp.cn
经 销 者 各地新华书店
印 刷 者 北京建宏印刷有限公司
开　　本 850mm×1 168mm　1/32
印　　张 5
字　　数 143 千字
版　　次 2020 年 9 月第 1 版　2020 年 9 月第 1 次印刷
定　　价 30.00 元

◄━━◄ 版权所有·翻印必究 ►━━►

前　言

　　人参是我国重要的特产之一，也是驰名中外的珍贵药材，被称为"百草之王"，属东北"三宝"之一。吉林省是我国乃至世界人参的主要产地。充分利用资源优势，提高人参种植和加工的规范化和标准化水平，科学地栽培、开发和食用人参，对于打造人参品牌，推进人参产业结构的调整，促进地方经济快速发展，提高全民身体健康水平等都具有非常重要的意义。

　　随着生活水平的逐渐提高，人们对人参等保健品的需求量日益增长，并且随着西方许多国家对中药材的开发与应用的与日俱增，人参的需求量正在逐年增加。我国作为人参的主产区，至今保持着依靠传统的开垦林地的方法种植人参。近年来，我国开始重视自然环境的保护，禁止开垦林地，推行退耕还林政策，因此人参栽培的面积会越来越少。今后，摆脱传统的种植习惯，学习发达国家先进的人参栽培方法，对于提高人参产量和质量，具有十分重要的意义。

　　吉林省将人参产业作为战略性新兴产业重点培育，《吉林省政府关于振兴人参产业的意见》（吉政发〔2010〕19号）提出：要努力把人参产业做大做强，推动吉林省加快振兴发展，争取到2020年，人参产业总产值达到1 000亿元目标，成为吉林省新的特色支柱产业。为保护生态环境，实施可持续发展原则，吉林省将伐林栽培人参净增面积控制在每年1 000hm²。此举意味着，吉林省人参种植规模将大幅减少。而不断增加的市场需求，只能通过农田栽参的方式加以解决。所以，进行规模化、规范化的农田栽参不仅必要，而且迫在眉睫。

为了能将最新的人参农田栽培技术推广到广大人参种植地区，笔者在查阅大量国内外资料的基础上，总结 20 多年的人参种植研究成果和经验并整理成册，撰写了《农田人参种植理论与实践》。由于笔者水平有限和时间仓促，书中不足和疏漏之处在所难免，请广大读者与同人批评指正。

著　者

2020 年 8 月

目　　录

第一章　人参种植基础理论

第一节　人参的种植历史、功效和种植特点

人参是五加科多年生草本类宿根植物，含有皂苷、挥发油、酚类、肽类、多糖、单糖、氨基酸、有机酸、维生素类、胆碱、黄酮类、微量元素等成分，有大补元气，固脱、生津、安神和益智等功效，广泛应用于医药、保健、食品、化工等领域。通常人们所说的人参是指其干燥根部分，其拉丁文名称为：*Radix ginseng*；英文名称：Ginseng；汉语拼音：Ren Shen；我国古代文献中将人参写作"人参""人参"或"眞参"等。人参在古代有许多别名和雅号，如神草、王精、地精、土精、黄精、血参、人衔、人微等。

一、我国人参种植发展概况

人参干燥的根供药用，又名棒槌、神草、地精等。栽培者称园参，野生者称山参。园参经晒干或烘干称生晒参；蒸制后干燥称红参；山参经晒干称生晒山参。

我国人参种植历史悠久，据现存史料记载有 1 700 年的历史，规模化生产已有 400 余年的历史。人参主产于我国东北边区，是东北地区的道地药材，尤其是吉林省长白山地区，人参产量高，质量好，畅销国内外。此外，辽宁、黑龙江等地也有较大面积的种植。近年来，河北、山东、山西、北京、湖北、云南、甘肃、新疆维吾尔自治区（以下简称新疆）等地也已引种成功，少量种植。

二、人参的药用价值

（一）人参的化学成分

人参所含成分非常复杂，有上百种物质成分。主要有人参皂苷、人参多糖、挥发油、氨基酸、肽类、维生素等物质。人参皂苷是人参的主要药用成分，是评价人参质量的主要指标，大致分为二醇类皂苷、三醇类皂苷、齐墩果酸皂苷 3 类共计有 30 余种。二醇类皂苷包括：人参皂苷 - Ra_1、- Ra_2、- Ra_3；- Rb_1、- Rb_2、- Rb_3；- Rc；- Rd；- Rg_3；- Rh_2、Q - R_1、- Rs_1、- Rs_2、M - Rb_1、M - Rb_2、M - Rc、M - Rd、M - R_4。白参、红参、西洋参均含部分二醇类皂苷。三醇类皂苷包括：人参皂苷 - Re；- Rf；- Rg_1；- Rg_2；- Rh_1；20 - ghuco - 人参皂苷 - Rf；notoginsenoside - R_1。齐墩果酸皂苷包括：人参皂苷 - Ro。三醇类皂苷、齐墩果酸皂苷主要存在于红参中，而白参、西洋参只含少量或微量。人参含有的多糖物质有几十种，为酸性杂多糖和葡萄糖。多糖中含有多肽，结合成糖肽。杂多糖主要由半乳糖、半乳糖醛酸、鼠李糖和阿拉伯糖构成。人参皂苷和人参糖肽有很多的生物活性，具有强心、调节血压、调节免疫、降血糖、抗肿瘤等多种药理作用。人参挥发油为倍半萜类化合物，使人参具有独有的香气，并具有镇静作用。人参还含有 17 种以上的氨基酸物质，包括赖氨酸、蛋氨酸、天冬氨酸、苯丙氨酸、异亮氨酸、苏氨酸、组氨酸等人体内不能合成且必需的氨基酸。此外，人参还含有维生素 B_1、维生素 B_2、烟酸、泛酸以及钠、钾、铷、镁、钙等 17 种以上的微量元素。

（二）人参的功效

人参有大补元气、固脱、生津、安神和益智的功效。《神农本草经》记载有"补五脏，安精神，定魂魄，止惊悸，除邪气，名目开心益智，久服轻身延年"。现代医学证明，人参及其制品能加强新陈代谢，调节生理功能，在恢复体质及保持身体健康上有明显的作用，对治疗心血管疾病、胃和肝脏疾病、糖尿病、不同类型的神经衰弱症等均有较好疗效。有耐低温、耐高温、耐缺氧、抗疲劳、抗衰老、抗辐射损伤、抑制肿瘤生长以及提高生物机体免疫力等作用。

三、人参的种植特点

（一）生产周期长

人参是多年生宿根植物，从播种育苗到收获需要 5~6 年的时间。即使是育苗和定植后分别计算，两段也各有 3 年左右的时间，生产周期长，见效慢。因此，需要有长久的打算和一定的经济实力保证。

（二）投资大

人参栽培投资大，成本高。种植人参，种子和种苗价格较为昂贵，加之棚架和塑料薄膜等遮阴材料以及肥料、农药、田间管理与看护用工等费用，每平方米至少也要几十元。这对于经济实力较差的多数农民，是较难承受的。

（三）技术性强

人参生长对光、温、水、土等环境条件要求严格，生产过程环节多，技术性强，如选地、整地、土壤处理、做畦、种子催芽、播种、育苗、移栽、遮阴、施肥、灌水、松土、除草、病虫防治、越冬防寒、收获、加工等，每个环节和每项技术都要求严密、细致、认真，从而为人参的生长发育创造良好的环境条件，保证人参的正常生长发育，实现人参的高产优质和高效。

（四）效益高

以上 3 个特点是发展人参生产的不利因素。但也正是由于人参要求条件严、难种植，所以才导致人参价格贵，种植效益高。仅人参主根，每平方米土地可产 2.5~3kg，鲜干比 3.5∶1，每平方米毛收入可达 400~480 元，再加上叶、花蕾和种子等的收入，效益更为可观。人参是名贵中药材。目前，每千克干参价格在 560 元左右。栽培得当，每平方米可产干参 0.8kg 左右，效益很高。

第二节 人参的分布区域及种类

一、人参的分布区域

人参对日光、水分、土壤、温度等环境条件要求比较严格，因而生长范围比较狭小。野生人参在世界上只有中国、朝鲜、日本，以及俄罗斯的西伯利亚地区才有生长，且数量稀少，现已很少发现。在我国主要分布在长白山脉和小兴安岭的东南部，以及辽宁省的东部山区。人工栽培人参在朝鲜、日本、俄罗斯均有种植。在我国主产区主要集中在东北地区的东南部和东北部地区。南起辽宁省宽甸县，北至黑龙江省勃利县一带。其中以吉林省的抚松、集安、靖宇以及辽宁省的宽甸、桓仁最为著名。

二、人参的种类

人参由于种植方式、加工方法、形态特征等方面的不同而衍生出许多种类和名称。

（一）按种植方式分类

1. 山 参

在林下自然生态环境下生长 20 年以上的人参。其中又可分为纯山参（野山参）、芋变山参。纯山参（野山参），是指野生山参。味甜微苦，嚼之有清香感。其芦头细长，常弯曲，下部光滑（芦碗消失），中部芦碗较密，上部芦碗较稀；芦碗多而密；主根多数为人字形、纺锤形、菱形，质地密实；横纹细而且深，连续成螺旋状，集中在主根上部；侧根少，但比较长；须根很少而长，清晰不乱，质地较坚韧，珍珠疙瘩明显。鉴别野山参有曰："马牙雁脖芦，下伸枣核芋，身短横灵体，环纹深密生，肩膀圆下垂，皮紧细光润，腿短 2~3 个，分档八字形，须疏根瘤密，山参特殊形。"在我国主要分布在长白山山脉及其山脉延伸地区的各种山地之中。芋变山参，是山参在生长过程中主根遭受毁坏而芐则继续生长，变成主根，而得名。其芦头大而偏斜，主体多为顺体，细溜肩膀，环纹粗而浅，不连贯。只有 1 条支根（即芐之尾部）。其余与野山参相似。

2. 林下参

包括移山参、籽种山参。移山参，是采集幼小山参移植至居住区附近的山林中，自然生长，经 10~20 年后再采挖出来的人参。其芦碗略长而稀疏，无对花芦，而呈转芦粗细不均。芐多顺长，有时长度超过参体。主根环纹稀疏而浅，略显轻泡，皮嫩不光润。支根较顺长，分档不呈八字形。须根较细嫩而短，下端分叉多，小疙瘩瘤稀疏而小。籽种山参，是选择野山参种子或圆膀圆芦、长脖类型种子在山林中人工播种，不进行人工管理，保持自然生长，经 10~20 年以后，再采挖出来的人参。其芦头多为线芦或竹节芦，马牙芦或有或无，芦碗稀疏而浅。多为横灵体但不及野山参结实。断纹、浮纹较多，芐多顺长下垂。须软嫩不坚韧。

3. 园参

泛指人工栽培的人参。大致有 6 个品种：普通参、石柱参、边条参、园参趴货、老栽子上山、畦底参。

（1）普通参。原产于吉林省抚松（俗称抚松路），是园参种子（以大马牙品种为主）播于参畦内，采用三、三制或二、三制栽培，经过 5~6 年采收做货。普通园参主要特征为根茎短，主体短粗，支根短，须根多为该品种性状特点。品种类型属于大马牙、二马牙类型，耐寒，生长发育快，产量高。

（2）石柱参。原产于辽宁省宽甸地区，属于长脖或圆膀圆芦类型，该品种生长缓慢，产量低，但是具有抗逆性强、耐年限、晚熟等特点，是适于培育野生人参的种子源。石柱人参的性状特征：芦长、体形多样、以横灵为佳、体横纹深、皮老质实、须柔并有珍珠疙瘩。支根呈八字分开，芦、芐、体、纹须相衬。石柱参生长在以黄沙为母质的山地腐殖质土壤中，形成了石柱参的性状特点。

（3）边条参。原产于集安地区、通化地区和辽宁宽甸地区。属于圆膀圆芦或长脖类型，俗称"集安路"。是园参种子（以二马牙为主）播于参畦内，采用三、二、二或三、二、三制栽培，经过7~9年采收做货。每次移栽时，都下须、整形，只留两条腿，多余者全部掐掉。集安边条参整体发育呈长条圆柱形，适合培育优质高产参，其形体以芦长、身长、腿长为特点。主根呈圆柱形，有支根2~3条，支根长不短于主根的1/3。边条人参生长在山地石质土为主的灰棕壤土中。生产中采用下须整形、低棚遮阴等技术培育出边条人参的性状特点。

（4）园参趴货。园参收获时，选体形美观、芦头长的参苗，经过人工修整后，栽在参畦内不动。再经过若干年挖出做货，称为园参趴货、园趴、趴参。园参趴货有以下特征，多为横灵体和疙瘩体，顺体和笨体较少，皮为黄白色或黄褐色，外皮较厚，粗糙或有皱皮，无光泽，水须较多，不够清疏，大多数很不自然，舒展呈扇面形，芦头较长，一般是两节芦，上部多数有回脖芦。芦碗大而疏，生于一侧或两侧。多数粗细不匀，或大长腿，极不灵活，常常拧在一起，有时能见到修整的痕迹，艼较长大，粗细不匀，多数上翘、旁伸，少数下顺，毛毛艼较多。

（5）老栽子上山。园参收获时，挑选出体形美观者，经人工修整后栽在山野（不加管理）任其生长，经过10~20年挖出做货，称老栽子上山、老栽子、园参上山。其特征与园参趴货大致相同。

（6）畦底参。园参在收获或换畦过程中，遗漏在参地内的园参，又自然生长（不经任何人工管理），若干年后被人们发现，称畦底参、畦底子、畦底、老畦底子、撂荒棒槌。有以下特征：大多数笨体，也有顺体，无横灵体、疙瘩体，外皮极为粗糙；皱褶横皮者颇多，无光泽，多数断纹，粗浅不密，且横纹到底，须条较长，较硬，不太清疏，烧须者较多；珍珠疙瘩扁圆形，较少，稍明显，多为两节芦或缩脖芦，竹节芦和线芦极少。芦碗较大而疏散，多数为两条以下腿，由主根下部齐出，粗细不匀，长大者较多，其长极不灵活，拧在一起，艼较长大，毛毛艼颇多，枣核艼极少，多数上翘或旁伸，少数下顺。

（二）按形态特征分类

一是马牙系统，分为大马牙和二马牙。大马牙茎较粗壮且高，叶呈宽椭圆形；根茎较粗，茎痕（芦碗）宽大，主根短而肥大，侧根较多。二马牙茎略细，叶椭圆形；根茎粗长中等，主根较长，侧根较少。生长较快，产量较高。二是长脖系统，其根茎细长，生长缓慢。按芦头形态又可分为圆芦圆脖、大圆芦、线芦、草芦、竹节芦。圆芦圆脖：芦头长短适中，体形较美，根茎显细长。大圆芦：体形较大，根茎较短粗。线芦：根茎不明显或只有顶部明显。草芦：节间较短，上部茎痕显著，主根头部较尖。竹节芦：节间长，节部突出呈竹节状。

三、人参不同品类的形态和根解剖特点

（一）外部形态

人参品类间的差异，地上部不如地下部明显。

1. 根 部

从调查结果看，在同样条件下，同是 4 年生根，大马牙生长快。

2. 叶 缘

大马牙和二马牙人参的叶缘锯齿细密而均匀，圆脖圆芦和长脖人参的叶缘锯齿粗而深，并且参差不齐。同一品类的人参，在不同地区生长趋势大致相同。

（二）根部组织解剖特点

马英春等对大马牙和长脖两个品类的参根（同时采自辽宁省桓仁县的 4 年生参根和吉林省抚松县的 6 年生参根）进行了组织解剖观察，结果如下。

1. 木栓层

木栓细胞层数，大马牙的比长脖的多。4 年生，大马牙为 7

层，长脖为 6 层；6 年生，大马牙为 14 层，长脖为 9 层。木栓层厚度，大马牙的比长脖的厚。4 年生，大马牙厚 96.9μm，长脖厚 35.4μm；6 年生，大马牙厚 287.7μm，长脖厚 114.7μm。木栓层细胞体积，大马牙的比长脖的大。6 年生，大马牙木栓细胞长 51.5μm，宽 20.6μm；长脖木拴细胞长 38.1μm，宽 12.7μm。可见，大马牙人参的保护组织比长脖发达。

2. 导管群

导管数目，大马牙的比长脖的多。在 270μm² 的视野面积内，四年生大马牙为 11.4 个，而长脖仅 9.14 个。导管直径，大马牙的比长脖的宽。四年生大马牙为 33μm，长脖为 17μm；六年生大马牙为 44.1μm，长脖为 29.4μm。从而看出，大马牙人参输导组织发达，输导能力强，代谢旺盛。

3. 形成层

形成层细胞层数，大马牙比长脖多。大马牙为 7 层，长脖为 4 层。形成层细胞体积，大马牙的比长脖的大。大马牙形成层细胞长 27.4μm，宽 21.6μm；长脖形成层细胞长 25μm，宽 13.2μm。可以看出，大马牙形成层的分生能力强，生育速度快。

4. 筛管群

筛管是人参运输、贮藏营养和药用物质的主要组织。长脖的筛管比大马牙的粗。长脖筛管直径 122.5μm，而大马牙为 101.52μm，可见长脖人参的贮运组织较发达。

5. 芦头簇晶

大马牙芦头内的草酸钙簇晶数比长脖的多，在 4 542.4 μm² 的视野里，大马牙为 17 个，长脖为 10 个，但长脖芦头内的簇晶体积比大马牙的大（长脖的簇晶直径为 49.3μm，大马牙的为 29.7μm）。草酸钙簇晶是人参新陈代谢的产物，大马牙人参的簇晶体积小而数量多，是新陈代谢旺盛的表现。

综合上述结果，从解剖特点看，大马牙人参的保护组织、分生组织和输导组织都比长脖人参发达，所以大马牙人参抗病性强，代谢旺盛，生育速度快；长脖人参的筛管群比大马牙人参发达，其有效成分比大马牙高。

第三节　人参的植物学特征和生长发育条件

一、人参的形态特性

人参是草本类宿根植物，其完全植物学形态由地下部分根体及地上部分茎、叶、花、果实和种子等部分组成（图1-1）。

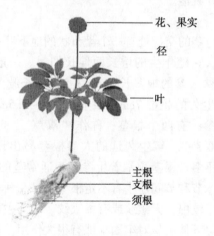

图1-1　人参的形态

（一）人参根

人参根是肉质根，属直根系，黄白色，由芽苞、根茎、主根、侧根、须根、不定根6部分组成。

1. 主　根

人参的主根长3~15cm，粗1~3cm。上端有横向凹陷致密的细纹（山参纹细、密、深，多螺丝纹；园参纹粗、稀、浅，不连

续），下部生多条支根（侧根）。支根也叫参腿（山参支根 2~3
条，园参支根较多，边条参 2~3 条）。根据支根大小、部位，又可
分为一级支根、二级支根（或者叫大支根、小支根、大侧根、小
侧根）。支根上着生须根（山参的须根细长、少、清疏，园参的须
根短、多、丛生而散乱）。须根上生有许多小瘤子，称作珍珠疙瘩
（山参珍珠疙瘩明显，园参珍珠疙瘩不明显）。主根及支根生长
初期，或者尚未老熟的支根，其内部大部分为水分，呈半透明状。
以后，幼主根和幼支根先后逐渐木栓化。在幼主根、幼支根和须根
上，生有许多白色吸收根，从土壤中吸收水分和无机盐，早春长
出，晚秋大部分脱落。

2. 根 茎

人参主根与茎的交接处有一个盘节状的地下茎——根茎，习惯
上称之为芦头。它随年生的增长而伸长加粗。一般每年生长一段
（约 4 节），成株人参的根茎长 1.5~3.5cm；长脖参根茎细长，一
般 4~7cm，年生久的超过 7cm，根茎粗 0.3~1.5cm。从小苗开始
就有双茎的人参，有两个根茎，称作"双芦"，否则是根茎的分
枝，不能叫"双芦"。年生久远的人参根茎易出现分枝，一般有
2~4 个分枝或还多。根茎顶端着生参茎，通常茎的基部着生芽苞，
节上有潜伏芽，节和节间还生有不定根（参区俗称为"艼"）。其
肉质脆嫩，色泽较白，无皱纹或有稀皱纹。它与主根不同，具有向
地性，能垂直向下伸展，对牢固植株有很大作用。参茎脱落后在根
茎上留下的茎痕叫"芦碗"，通常靠近主根部位的芦碗小，靠近芽
苞一端的芦碗大；一般马牙参芦碗大，长脖参芦碗小。每个芦碗外
缘的潜伏芽较大。园参第一年和第二年不长，3 年生开始长艼，以
后逐年增多（一般 1~7 条）长大。艼有二级或三级支根。正常发
育的参，去掉主根，剩下芽苞和根茎，栽种后仍可生长。

山参的芦头较长，下端多呈圆形，表面光滑，称为圆芦。圆芦
以上，芦碗渐密且四面环生，称堆花芦。堆花芦以上，芦碗渐疏而
边缘兜楞，形如马齿，称马牙芦。整个芦头异常短小者，称缩脖

芦。芦头具环状节者，称竹节芦。芦头的下部表面光滑无节、纤细而长者，称线芦。在1个主根上生有2个芦头者，称双节芦。在1个芦头上具有圆芦、堆花芦和马牙芦者，称三节芦。芦头下部是竹节芦或线芦，上部是马牙芦者，称两节芦。园参大多数是缩脖芦。

芦头上端的侧面生出芽苞也称之为越冬芽、胎苞和潜伏芽。芽苞呈鹦鹉嘴状。白色、脆嫩，从内向外由大、中、小3枚半透明椭圆形的鳞叶包裹，里面是翌年地上部分（茎、叶、花序）的雏体和翌年芽苞的原始体。芽苞大小与芦头大小有关，芦头短粗的，芽苞较大；芦头细长的，芽苞较小。潜伏芽一般1个，个别的2个以上，在芦碗外缘，不甚明显。芽苞外面是由3枚鳞片（鳞片乳白色，脆嫩）紧密抱合形成的芽壳，正常芽苞的芽壳严密，壳内无菌，具有保护壳内幼芽的作用。芽壳内生有翌年要出土生长的地上器官雏形，所以有人把人参芽苞叫胎苞或越冬芽。春天萌动时，芽苞鳞片松动，茎、叶、花雏体逐渐伸长，以后突破芽壳，长出地面，形成新的植株。与此同时，芽苞原基分化发育，形成新的芽苞。一般情况下，芽苞内的芽苞原基优先发育成芽苞，当芽苞原基受损伤后，根茎上较大的潜伏芽争先发育，如果同时有2~3个较大的潜伏芽一起发育，则可形成双芽苞或3个芽苞。通常条件下，根茎粗大者芽苞也大，芽苞大的参根，翌年生长的地上植株也粗大。

3. 不定根

在芦头上生有1条或几条不定根，白而脆嫩。不定根与主根不同，具向地性，能垂直向下伸展，对牢固植株有很大作用。山参一般有不定根1~3条，园参有不定根2~5条或更多，也有的完全没有。不定根顺长，斜向旁伸，肩膀圆形下垂。山参的不定根与主根间夹角较小，园参的夹角较大。若生有2枚互生的不定根，称为人形参或孩儿参。若不定根发育过大，往往形成与主根大小相同的纺锤形根，常被称为武形人参。生在芦头基部的不定根，俗称护脖艼，生在芦头两侧的，俗称掐脖艼。芦头和艼合称艼帽。人参根部

的形状、大小与人参生长年限、品种类型、生态环境、土壤、肥料
等关系极大。

（二）人参茎

人参多数为单一茎，少数为双茎或三茎，直立，位于根茎和花
序梗之间，其下部与芦头相接，上部附着叶柄。红果人参茎上部绿
色或略带紫色，茎基部紫色；黄果人参数量少，其茎全部呈绿色。
1 年生人参无茎，只有复叶柄，2 年生茎高 10cm 左右，3 年生茎高
15cm 左右，4 年生茎高 25cm 左右，5 年生茎高 30cm 左右。在 2～
9 年生中，人参茎随年生增长而变粗加高，9 年以后人参茎高变化
不大。人参第一年的地上部分由种子胚芽发育而成，没有真正的茎
而只有叶柄。

（三）人参叶

人参叶为复叶，其小叶片为长椭圆形，前端锐尖，其基部为楔
形，叶缘为锯齿状，叶脉网状，叶脉间及锯齿间均有小毛刺，为叶
毛，叶片有白色绒毛，叶面绿色，无光泽，叶背面有光泽。一般 1
年生复叶是由 3 枚小叶组成，俗称"三花"；2 年生以上的人参叶
均为掌状复叶，复叶中央的小叶片最大，长 8～24cm，宽 3～11cm；
从复叶中央小叶片渐次向外的小叶片，也渐次变小，边缘小叶片长
2～3cm，宽 1～1.5cm。5 片小叶着生在复叶柄上，复叶柄长 10cm
左右，小叶柄不明显。人参的复叶数量因年生而异，1 年生只有 1
枚具 3 小叶的复叶，俗称"三花"；2 年生有 1 枚掌状复叶，俗称
"巴掌"；3 年生具 2 枚掌状复叶，俗称"二甲子"；4 年生具 3 枚
掌状复叶，俗称"灯台子"；5 年生具 4 枚掌状复叶，称"四批
叶"；6 年生以上的人参具 5 枚或 6 枚掌状复叶，叫"五批叶"或
"六批叶"。人参叶片上表皮无气孔，仅下表皮有气孔，呈不定式
排列；加上人参叶片无栅栏组织（或称栅栏组织不健全），所以人
参叶片怕强光直接照射。

（四）人参花

人参花为完全花，由花萼、花冠、雄蕊和雌蕊组成。花萼绿

色，钟状5裂；花冠5枚，淡黄绿色，卵状披针形；雄蕊5枚，花药淡乳白色，长圆形，4室，花丝是花药长的2倍，基部稍粗，花粉粒顶面观呈三角状圆形，侧面观呈圆形；雌蕊1枚，柱头2裂，子房下位，2室，2心皮，每个心室有2个胚珠，通常上胚珠不发育，下胚珠发育成种子，个别情况下，上胚珠同时发育形成两个种子，胚珠顶生倒置，中央边缘胎座。

传统栽培条件下，3年生人参开始形成花序，并开花结实，个别发育好的植株，2年生就有花序形成，3年生以后年年开花结实。人参为伞形花序，着生于茎顶部，序柄长25cm左右（3年生7cm左右，4年生13cm左右，5年生15~20cm）。小花有柄，着生在序柄顶端的肥大的花托上，成年植株人参生有50~80朵小花（3年生3~10朵，4年生20~50朵），少数植株在顶端伞形花序下方的序柄处还长支花序，支花序上生有小花。

（五）人参果实

人参果实为肾形，长12~14mm，宽6~8mm，厚4~6mm。果实由外果皮、中果皮、内果皮（果核）和种子构成。外果皮革质，初期绿色，以后逐渐变为深绿色、紫红色，成熟时为鲜红色；黄果人参外果皮初期也是绿色，以后逐渐变黄，成熟时为鲜黄色，外果皮表面有光泽。人参果实中果皮黄色肉质，随着果实发育逐渐加厚，成熟时多汁，呈浆果状。内果皮随着果实成熟逐渐木质化，形成较坚硬的果核。正常发育的果实，每个果内有2个果核，所以人参是合心皮双核核果，因其中果皮成熟时多汁，又叫浆果状核果。人参的果核（生产上称为参籽）略扁，呈宽椭圆形，长4.5~8mm，宽3.7~6.1mm，厚2.1~3mm，表面凸凹不平，有皱纹，淡黄白色，两侧较平，背侧呈弓形，腹侧平直或稍内凹；基部有一小尖突，尖突处有珠孔。果核壳厚0.5mm，内表面光滑，透水、透气良好。

（六）人参种子

人参种子为倒卵形，或略成肾形，扁平，位于果核内，长3~

6mm，宽 2.5~5.5mm，厚 1.5mm 左右。鲜籽为乳白色，干籽为淡棕色，腹侧平或稍内凹。种皮极薄，贴于胚乳上，胚乳充满种皮，种胚很小，长 0.32~0.42mm，埋生于胚乳基部。

二、人参的生物学特性

（一）人参的物候期

人参的生长发育从播种出苗到开花结果需经历 3 年时间，3 年以后年年开花结果。每年从出苗到苗枯萎大体可分为出苗期、展叶期、开花期、绿果期、红果期、果后参根生长期、枯萎休眠期，全生育期为 120~180 天。

1. 出苗期

幼苗弯曲，茎部露出土面。从田间第一株参苗出土算起，到最后一株参苗出土时为止。此时平均气温应在 10℃以上（立夏前后，集安在 5 月初，抚松在 5 月上旬）。人参出苗在土温为 10~15℃时达到高峰，出苗期可延续半个月左右。出苗时芽苞的鳞片张开，幼茎于土中顶着叶片和花序长出土面，出苗速度缓慢，时间长，经 10 天左右可达到出苗盛期。温度升高得快，出苗速度也快。随着气温的升高，配合 40%的土壤湿度，茎叶急速生长，人参光合作用逐渐加强，植株的生长速度越来越快。这个时期的耐寒能力较强，可以抵抗-4℃的低温。在寒流低温下，人参叶片抱成球形，寒流低温过后，人参叶片恢复平整。展叶以前为营养器官——茎、叶、季节不定根的生长期，此期是全年茎叶生长速度最快的时期，茎叶增长的高度与幅度相比，高度快于幅度。繁殖器官处于花蕾初期，生长量很小。由于此期叶片没有展开，气温尚低，光合作用能力不强，满足不了茎、叶、花序生长的需要，同时由于地温尚低，土壤微生物活动较弱，季节不定根生长迟缓，吸收能力差，消耗营养同制造营养之间出现不平衡，因而贮藏根的养分向地上部倒流以补充营养，致使根重减轻，这种状况一直持续到叶片完全展开为止。此期在栽培管理上应疏松土壤，增加光照，提高地温，促进季节不定根的生长，加强叶片光合作用的能力，使根系吸收的营养和叶片光合作用制造的营养多些，以减少贮藏根的营养消耗。

2. 展叶期

人参茎逐渐伸直，叶片从卷曲褶皱状态，逐渐展开平直，叶面光滑无皱纹，叶色由深绿色带光泽转成黄绿色无光泽。产区进入展叶期，约从 5 月中旬开始，平均气温应在 12℃以上，据吉林省集安参场调查，展叶期气温为 14～18℃、相对湿度为 80%～90% 时，可持续 10～15 天。展叶不久即开花。展叶初期人参花序生长很缓慢，后期开始生长。展叶期是人参茎叶生长最快的时期，光照充足（20 000lx 以上）人参茎矮粗，叶片略小而厚；光照不足（在 10 000lx 以下）人参茎叶陡长，茎高细，叶片大而薄；展叶期如果光照过强（50 000lx 以上）、温度又高，叶片易被灼伤。展叶期养分、水分充足，则人参生长良好；如果干旱，则茎叶矮小；如遇大风，则易损伤叶片。吉林省参区多数地方春旱较重，及时适量灌水，是保证优质高产的前提之一。展叶初期人参须根生长较快，叶片光合作用较弱，参根处在减重阶段，随着叶片光合作用增强，减重很快结束。

3. 开花期

花序中的小花花萼和花瓣平展开启，露出花药开放，从第一朵小花开放算起，到最末一朵小花开放结束为止。开花期平均气温应在 16℃以上（集安在 5 月末至 6 月初，抚松在 6 月中旬）。此时的气温、光照、湿度等环境条件最适合人参生长的需要，人参进入各个器官的旺盛生长期。据吉林省集安县参场观察，开花期间的平均温度为 15～18℃，每日开花最旺盛时的温度为 20℃以上；开花期间的平均相对湿度为 80%，每日开花最旺盛时的相对湿度为 70%～90%。这时期茎叶继续生长，但增长的速度减慢，茎叶生长量接近年中最大量，茎叶增长的幅度快，高度增加渐缓。繁殖器官从开花以后迅速增长。此时，季节不定根的生长速度最快，根的吸收能力很强，同时叶片光合作用增强，制造的营养物质与茎叶、花、果的生长消耗平衡有余，根由前期减重转向增重。此期是人参需要养分、水分较多的时期，栽培上必须满足人参对水、肥的需要。土壤湿度不足，要充分利用自然降雨或人工灌溉；根据土壤营养状况，追施氮、磷、钾等肥料，根侧追施肥要提前一定时间进行，根外追施肥在开花前后均可进行。对加工做货的人参要连续 2 年掐掉花蕾，以减少养分消耗，提高人参的产量和质量。

4. 结果期

小花开放后 2～4 天花瓣脱落，小花凋谢后，子房逐渐膨大，花序中出现小果。产区在 6 月上、中旬进入结果期，平均气温在 18℃以上。结果期，在果实发育的同时芽苞开始膨大，须根数量增加较快，根的体积增大，俗称"开皮"。此时，人参的茎生长量、光合作用也是人参一年中最旺盛的时期，即无论地上部分或地下部分的增重、光合作用、营养物质积累，还是果实增重速度、季节不定根的生长数量、贮藏根的增重速度等，都达到一年中的高峰。此期果实与贮藏根共同增重，是地上部分和地下部分总重量最大的时期。这一时期消耗土壤养分和水分也最多，因而栽培上要尽力满足人参对水肥的需要，以提高人参光合作用能力，制造更多的营养物质，满足果实和贮藏根增重和发育的需要。由于此期季节不定根的生长最旺盛，既需要充足的水分，又需要充足的空气以保证呼吸，因此土壤湿度以 40%～45%为宜（腐殖土）。结果期间，田间不能积水，积水会造成大面积烂参。

5. 成熟期

果实膨大后，由绿色变为紫色，再由紫色变为红色。果实成熟期的平均气温在 20℃以上（集安 7 月中旬，抚松 8 月上旬）。此时，人参果实呈鲜红色，可陆续采种。据吉林省集安县一参场观察，这时平均气温为 20～25℃、空气相对湿度为 80%～90%，并有足够的土壤水分，有利于果实红熟；若空气相对湿度为 70%左右，则会延缓红熟。此期，人参茎叶重量比绿果期有下降的趋势，果实增重不大，主要是成熟度的变化，季节根不再增长，比绿果期还有所下降，只有贮藏根继续迅速增重。根的吸收能力和叶片光合作用能力比绿果期有所降低。由于此期根部呼吸量比前期减弱，土壤湿度可以比前期增大，以50%左右为宜（腐殖土）。土壤养分主要靠前期根侧追肥的后效。此期可撤掉参棚前后檐的遮阳物以增加光照。采种以后到早霜期前，营养集中供给根部，干物质积累不断增加，参根的体积和重量急剧增长，是人参贮藏根的迅速增重期。这个时期茎叶重量下降，光合作用能力减弱，制造的营养物质数量降低，人参营养物质由茎叶向贮藏根输送。季节不定根迅速下降，吸收能力减弱。贮藏根到枯萎前达到最大重量。当平均气温降到14℃以下时，人参进入生育后期，这个时期人参生长减弱，但并非是由于完成了人参的生育期，而是由于气候条件（主要是温度）对人参生育不利造成的。因此，栽培上要注意防治病虫害，使茎、叶不早衰，同时采取放阳、撤覆土等措施增强光照，提高地温，以满足人参生长对水分和养分的需要，促使参根增重。

6. 枯萎期

叶片黄萎脱落，茎中空倒伏，有的虽然叶片仍为绿色，但已凋谢。时间大约在9月下旬以后，平均气温降到10℃以下，有时连续出现早霜。此时，人参的光合作用停止，地上茎叶中的有机物继续输送至地下器官，直至枯黄为止。此时，随着气温下降，地下季节性吸收根（季节不定根）脱落，根、根茎、芽苞积累的淀粉开始转化为糖类，准备越冬。当参根慢慢结冻后，人参转入休眠状态，根的总重量有减轻的现象。

（二）人参的生长发育特性

1. 种子的发育特性

人参的种子有形态后熟和生理后熟的特性。当人参果实转为鲜红色时，种子已成熟，但此时种胚尚未发育成熟，胚长只有0.32~0.43mm，胚率（胚长/胚乳长×100%）为6.7%~8.2%，与能够发芽种子的种胚相比，只有其胚长的1/10，需要在自然或人工条件下继续生长，种胚从0.32~0.43mm长到3.48~5.5mm，达到或超过胚乳的 2/3，分化成具有胚根、胚轴、胚芽的完整种胚，同时还分化出 1 年生植株未来的芽苞，这一现象称为形态后熟。这期间形成的芽苞，称之为"越冬芽"。人参种胚在形态后熟后，参还不能萌生出苗，即使是胚率达到 100%，这是因为人参种子还具有生理后熟特性。需要在 0~10℃低温条件下，经历 70 天左右的时间完成生理后熟，在经过一冬天的冬眠期后，翌年春天在适宜的温湿度条件下，萌动出苗。

2. 根部的发育特性

人参种子发芽时，胚根先突破内果皮伸入土中形成幼主根。长白山一带的人参 5—6 月为幼主根和地上部的叶共同生长时期。7—8 月为主根旺盛生长时期，此时支根增加 30~40 条，长度可达 5cm 以上。幼主根和幼支根生育初期，占鲜根重量大部分的是水，呈半透明状。幼主根于 5 月下旬从上部开始逐渐木栓化，变为白色。7 月中旬部分支根开始木栓化，大部分失水脱落，仅剩 4~5 条发育成白色支根。在幼主根和幼支根上生有许多须根，吸收土壤中的营养和水分。这些须根在主根和支根木栓化时，大部分随着表皮脱落而更新。1 年生根系横向分布约 10cm，垂直分布 15~20cm。

2 年以上生根，具有较大的主根和几条明显的支根。在支根上生出许多须根，到秋天部分须根老熟，变为白色，构成基础根系。3 年生以后，须根再长出次生须根，发育成以基础根为主体的根系。生长到 5~6 年时，根系发育大体完整，根须均衡完备，具备商品规格要求，适于加工做货。6 年生参根一般平均重 40~80g，重者可达 250~750g。根茎肥大，主根长 7~13cm，直径 2~5cm，具有数根较粗的支根和较多的须根，全长可达 35cm 左右。抚松 7 年以上生的大马牙人参，根部逐渐失掉原来的均衡性，表皮木栓化，易感病腐烂，所以一般 6 年生收获。

人参根在 1 年内的不同生育阶段增重比率有很大差异。在出苗期，因根内营养供给茎叶生长需要，不但不增重，反而减重。花期以后，参根生长逐渐加快，重量逐渐增加。果实成熟后到植株枯萎前，是参根迅速增重时期。植株枯萎后，由于部分须根和吸收根脱落，营养物质的转化，参根表现为减重。了解上述特性，对进一步完善栽培技术措施，提高参根产量和质量水平，具有重要的意义。

不同年生参根的增重是有一定规律性的，从收集到的资料可以看出，各国各地人参根增重规律基本是一致的，差异不明显。人参根随着生长年限增加，根重也逐年增加，但不同年生的人参根生长速度不一致，增重率逐年下降。其规律是：1 年生根平均重量为 0.6~0.8g；2 年生根重为 1 年生根重的 5~6 倍；3 年生根重为 2 年生根重的 3~5 倍；4 年生根重为 3 年生根重的 2~3 倍；5 年生根重为 4 年生根重的 1~2 倍；6 年生根重为 5 年生根重的 1.2 倍左右。

此外，根的生长与环境条件有密切关系。园参比山参生长快，棚下栽培比林下栽培的园参生长快。棚下栽培的园参，生长 9 年最大者可达 500g 以上。根茎上长出的不定根俗称"芋"，1~2 年生人参不长芋，3 年生开始长芋。

3. 茎叶发育特征

人参的茎叶每年都是从越冬芽中一次性长出，一旦受损伤（不论是病虫为害，还是人为或机械损坏），当年内不再发出新的茎和叶。这个特性与越冬芽生长发育缓慢，且具有低温休眠特性有关。所以，栽培人参过程中必须注重保护茎叶和越冬芽，否则，地上无茎叶，地下参根生长停止，易感病腐烂，造成减产。另外，由于人参叶片上表皮无气孔，无栅栏组织或栅栏组织不健全，所以，不耐强光直射，故人参栽培必须遮阴管理。

4. 开花结果习性

人参播种出苗后，第三年开始开花结实，3 年以后年年开花结实。花期 10~20 天。人参为伞形花序，小花由外向内渐次开放，序花期（株花期）7~15 天，多数为 8~10 天（3 年生 7.3 天，4 年生 8.3 天，5 年生 9.8 天）。朵花期 1~5 天，多数为 2~3 天。晴天朵花期稍短，阴天朵花期稍长。每个花序内的小花开放，以开始开花后 6~9 天开放数量最多，约占总数的 43%。人参小花在一天之中都可以开放，但以 6~12 时开放的数量最多。小花开放后 1~3 时散粉，每天以 8~16 时散粉最多，散粉朵数约占总数的 41%。据报道，人参的自然杂交率为 11%~27%。从事杂交育种时，必须在开花前套袋，在花萼刚刚开启，萼片间刚有缝隙，隙间露出白色花瓣时去雄，小花开放后 2~3 天授粉为好。人参在进行品种选育或繁殖时，必须注意采取隔离措施。

人参开花后 2~3 天子房开始膨大，进入结果期。结果顺序与开花顺序相同。果期为 55~65 天。人参果实生长以开始膨大的这一周为最快，半个月后果实就可长到接近于正常果实 2/3 的大小。果实初期为浅绿色，进而转变为深绿色，成熟前为紫色，成熟时为鲜红色。人参果成熟后极易脱落，故在生产管理中必须适时采种。

三、人参栽培所需的环境条件

（一）人参产地的环境条件

根据我国农业行业标准《人参产地环境技术条件》（NY/T 1604—2008）要求，人参产地的生态条件应当良好，远离污染源，距公路主干道或铁路 50m 以上，北纬 40°~48°，东经 117°~137° 的区域内。

林地栽培人参应选择以柞树、椴树为主的阔叶混交林或针阔混交林地，林下间生榛、杏条等小灌木，坡地、岗地均可，坡地的坡度在 10°~20°，林地土壤为活黄土层厚的腐殖土、油沙土。利用农田栽培人参，应选择土质疏松肥沃、排水良好、利于灌溉的沙质壤土或壤土，前作为玉米、谷子、草木樨、紫穗槐、大豆、苏子、葱、蒜等，且在收获后休闲 1 年。不用烟地、麻地、其他菜地、土壤黏重地块、房基地、路基地等。

气候为中温带湿润、中寒带气候区，大陆性季风气候；有效年积温 1 900~2 800℃，年平均气温 1.6~7.5℃，1 月平均气温 -17~-15℃，7 月平均气温 17~19℃；年降水量 700~900mm（7—

8月降水量400 mm）；无霜期90~150天；全年日照时数约2 400h。

空气中二氧化硫（SO_2）日平均浓度值应小于等于0.15mg/m³（标准状态），1h平均浓度值应小于等于0.5mg/m³（标准状态）。氟化物（F）日平均浓度值应小于等于7μg/m³（标准状态），1h平均浓度值应小于等于20μg/m³（标准状态）。日平均指任何一日的平均浓度。1h平均指任何1h的平均浓度。

灌溉水的pH值应在6.0~6.5，总汞含量小于等于0.001mg/L，总镉含量小于等于0.005mg/L，总铅含量小于等于0.10mg/L，总砷含量小于等于0.05mg/L，铬（六价）含量小于等于0.10mg/L，氟化物含量小于等于3.0mg/L。土壤的pH值应在6.0~6.5，镉含量小于等于0.30mg/kg，铅含量小于等于50mg/kg，汞含量小于等于0.25mg/kg，砷含量小于等于25mg/kg，铬含量小于等于120mg/kg，六六六含量小于等于0.15mg/kg，DDT含量小于等于0.50mg/kg。

（二）人参生长发育与温度、光照、水分、肥料的关系

1. 温　度

人参有喜凉爽、温度变化缓和的特性。据报道，地温稳定在4~5℃时，人参开始萌动，地温10℃左右开始出苗。展叶期气温多在15~20℃。开花结果期气温多在16~25℃。果实红熟前后气温为20~28℃。气温低于8~10℃人参便停止生长。全生育期大于10℃的积温：抚松东岗为2 163~2 223℃，集安为2 949~3 468℃。人参出苗、展叶期间，气温15℃左右为宜，低于此温度人参出苗展叶缓慢，低于8℃便停止生长，遇到-4~-2℃低温，虽不能被冻死，但会出现茎弯叶卷的现象，参苗缩卷成球状，如果温度降到-4℃则会发生冻害。人参生育期间最适温度为20~25℃，气温高于25℃光合速度下降，超过30℃生长会受影响，超过34℃光合速度下降很快，参叶还易被晒焦。参根在化冻和结冻前后，最怕一冻一化。一旦出现一冻一化，参根易发生缓阳冻。参根冬眠后，较为耐低温，产区气温降至-40℃，也未出现冻害。人参种子形态后熟最适温度前期（裂口前）为 18~20℃，后期（裂口后）为 15~18℃，高于 25℃烂子数量增多，低于 15℃则延长后熟期。种子生理后熟温度为 0~5℃，越冬芽生理后熟温度也是 0~5℃。在温度为 0~5℃条件下，后熟期 60 天左右。

2. 光 照

人参属于阴性植物，具有喜弱光和散射光，怕直射强光的特性。依据人参生育期间的温度日变化和生育期变化规律，人参在每年生育期间的需光趋势是出苗展叶期光可强些，随着自然温度升高光照强度降低，到 7 月上旬至 8 月中旬，光照强度应最低，8 月中旬后，由于温度降低，光强可逐渐提高，直到近于枯萎时，光照强度又升到出苗展叶时的强度。在一天之内，中午光应弱些，离开中午一段时间光照应渐次增强为宜。长白县从实践中得到，每年 7—8 月 1 年生人参光饱和点控制在 1 万 lx 或 1 万 lx 以下，2 年生以 1.5 万 lx 左右为宜，3~4 年生以 2 万 lx 左右为宜，5~6 年生以 2 万~2.5 万 lx 为好。由于海拔每降低 100m，温度升高 1.5℃，光饱和点应适当降低些，相反，海拔每升高 100m，温度降低 1.5℃，光饱和点可适当升高些。

3. 水 分

人参生长发育有喜水、怕旱涝的特性。适宜的水分是人参优质高产必不可少的条件。人参含水量有绝对含水量和相对含水量两种表示方法，绝对含水量是指水分重量占土壤干重的百分比，相对含水量是指土壤含水量占田间持水量的百分比，前者的百分数比后者低。人参对不同地区的不同土壤含水量要求有差异，不能硬搬某一地方土壤的绝对含水量指标。但使用相对含水量指标，不同土壤含水量的差异就缩小了。人参生育期间相对含水量以 80%左右为宜，土壤相对含水量在 60%或近于 100%时，人参生育不良，易出现烧须、浆气不足或感病死亡。森林腐殖土栽参，出苗期土壤含水量在 40%左右、展叶期 35%~40%、开花结果期 45%~50%、果后营养生长期 40%~50%为宜。土壤含水量高于 60%或低于 30%则易烂参或出现干旱。我国多数参区春季都有不同程度的干旱，而且还不灌水，人参生育不良，产量不高。这种状态应尽快改变。

4. 肥 料

肥料是人参栽培的必需营养物质。1年中，人参吸收氮、磷、钾肥的规律是出苗至绿果期，吸收氮肥多，绿果至红果期吸收磷肥量高，整个生育期间对钾肥的吸收量大。人参吸收氮肥总量的60%用于根的生长和物质积累，40%用于茎叶生长之需。一般7月前，茎叶、花、果需氮多，7月中旬后根中含氮量增加。另外，光照强度不足时，人参需氮量增加。硝态氮对人参生长有促进作用，铵态氮不利于人参生长，氮肥过多，人参抗病力降低，出苗缓慢，铵态氮过多影响出苗最明显。氮肥不足，人参生长不良，茎细小，叶片也很小。人参吸收磷的数量比氮、钾都少，是氮、钾的1/6~1/4。磷在展叶期至结果期需量较多，展叶初期，叶中含量高。磷能增强人参的抗旱、抗病能力，促进种子发育。缺少磷时，人参生长受抑制，根系发育不良，叶片卷缩，边缘出现紫红斑块，种子数量少而且不饱满；磷肥过多，易引起烂根，影响保苗。人参需钾量较多，钾除了促进人参根、茎、叶的生长和抗病、抗倒伏外，还能促进人参中淀粉和糖的积累。钙、镁、铁、硼、锰、锌、铜等都是人参生长发育中的必需营养元素，它们对人参的生长、代谢都有促进作用。人参吸收硼的数量较多，一般新林土中含硼0.17~0.67μg/g，人参生长3年后，土壤中剩余的硼只是原有含量的3.8%。通常新林土中，含锌2.4~8.6μg/g，含锰78.5~440μg/g，含铜2.6~3.8μg/g，栽种人参3年后，锌的含量减少69%，锰的含量减少66.6%，铜的含量减少25%。目前，我国许多参区采用根外追施微量元素，获得了一定的增产效果。在平岗、草甸栽参区中，一些地块因低湿积水，加之锰、铁含量偏高，使人参形成红纹，从而影响根外表质量，今后产区选地时，要多加注意。

各年生人参氮、磷、钾肥的用量是不同的。据测定，1~6年生人参所需氮、磷、钾肥的用量随着年生的增长而增加。1年生所需量氮、磷、钾分别为 8.4mg/m²、2.9mg/m²、11.6mg/m²；3 年生增加到 91.1mg/m²、16.7mg/m²、126.3mg/m²；4 年生再增至 285.7mg/m²、74.2mg/m²、444.6mg/m²；6 年生更增加到了 359.1mg/m²、75.6mg/m²、854.9mg/m²，人参所需比例为 2：0.5：3。

人参生产中常用的肥料包括有机肥、无机肥和菌肥。有机肥主要有猪、牛、马、鹿、禽等的粪便，杂草、落叶的堆肥及草炭等，这些肥料有机质含量较高。其中豆饼、棉籽饼含氮量最高，豆饼含钾高，芝麻饼含磷高，这些饼肥在土中分解较快，容易见效。有机磷肥包括骨粉、鸟粪、家禽粪、米糠等，其中骨粉富含磷、钾，肥效持久，有利于土壤中磷、钙的积累。家禽粪也含钾。有机钾肥主要有草木灰及绿肥等，其中稻草灰含钾最高，木灰富含磷，灰肥呈碱性，可调节酸性土壤的酸碱度，但对偏碱性的土壤不宜施用。无机肥常用的有过磷酸钙、磷酸二氢钾、磷酸二氢铵等。参业上不主张施用化肥，当土壤肥力较差，有机肥又不足时，可适当与无机肥配合施用。生物粪肥料各地应用比较好的有 5406 菌肥，它具有一定的改土增肥、抑菌防病、刺激人参生长及驱避害虫等作用。目前集安人参研究所在全县广泛推广应用的"新型人参复混肥"就是由 5406 菌肥配制而成的。其他尚有叶面喷洒的生物有机肥和生物钾肥硅酸盐菌剂等。

第四节　人参遗传育种

人参（*Panax ginseng. C. A. Mey.*）系五加科人参属多年生草本植物，别名棒槌、神草、黄参、地精、孩儿参等。人参根黄色或白色，肉质，圆柱形或纺锤形，以干燥的根入药，花序、茎叶、种子亦供药用。是一种名贵中药材，是中药中的瑰宝，被誉为"百草之王"。人参生品味甘苦，性微凉，熟品味甘，性温。有补气救脱、益心复脉、安神生津、补肺健脾等功能。用于体虚气短、自汗肢冷、津亏口渴、失眠健忘、阳痿尿频等症。对高血压、冠心病、肝病、糖尿病等亦有较好疗效，是"扶正固本"的良好滋补强壮药。近代大量研究证明，人参对神经系统、心血管系统、内分泌系统、消化系统、生殖系统、呼吸系统及外科使用等都有明显的保健治疗作用，有抗衰老、抗肿瘤、抗疲劳、抗辐射、抗炎等作用。人参的主要成分为 Rb_1、Rg_1 等 20 多种人参苷，此外尚含有人参炔醇、β-榄烯等挥发油类、黄酮苷类、生物碱类、甾醇类、多肽类、氨基酸类、多糖类、各种维生素及人体所需的微量元素等。

中国人服用人参已有 4 000 年的历史，人工种参约有 400 多年的历史。由于人参对生态环境的要求比较严格，世界上只有少部分区域适合人参生长。大量进行人参生产的国家有中国、朝鲜、日本和苏联，其主产区集中在北纬 32°～48°，东经 120°～145°，即亚洲东部的范围内，主产于吉林、辽宁、黑龙江等省，山东、山西、河北、湖北等省亦有栽培。在长期的栽培过程中，形成了地方品种，通过引种、选育、杂交、诱变等对育种方法有了一定的研究，为进一步育种奠定了理论基础。

一、种质资源

（一）属内种质资源

人参属（*Panax* Linn.）是五加科的一个小属，其中人参（*Panax gnseng* C. A. Mey）、三七（*P. notoginseng*（Burk.）F. H. Chen）、西洋参（*P. quiquefolium* L.）均为享有盛名的珍贵药用植物，驰名世界，竹节参、珠子参等也有长期的药用历史。

人参属 Panax 是著名植物学家林奈（C. Linne）1975 年创立的，Panax 源于希腊字 Pan（全面）和 Acos（药物），即"全面的药物""万灵药"之意。早期由于人参属和楤木属（*Aralia* Linn）相合，以及将东亚种与北美西洋参相混，而造成分类上的混乱。为此，早在 20 世纪 70 年代初，人参属种质资源的分类研究引起了许多学者的重视。近 20 多年来，许多专家学者采取多种鉴定方法与技术相继对人参属内、种内品种资源的变异进行考究。尤其是对于人参种内品种的鉴定开展了较广泛深入的研究，并通过系统研究取得很大进展。人参属共有 7 个种（包括 1 个外来种）、3 个变种。除三叶人参（*P. trifolius* L.）产于北美洲外，其他种在我国均有分布。

（二）种内的种质资源

迄今共发现了十几个变异类型，尽管先后有日本、韩国和中国学者选育出人参根形好、产量高和含量高的新品种，但均未成为生产上的主栽品种。

韩国根据果实和茎叶颜色，从人参中分离出如下 3 个变种：黄熟种、青茎种、果实橙黄种。并认为上述变种的特性是可遗传的。其茎秆颜色可分为纯绿色、绿茎、紫茎、深紫茎等。

据韩国专卖厅的报告，人参茎秆颜色和地下部的生长发育与抗病性均有相当密切的关系。叶柄紫色和深绿色的植物比绿紫色的具有较强的抗灰霉病的能力。依据果实颜色有红果、黄果、橙黄果 3 种；依据茎的颜色有紫茎、绿茎、青茎 3 种；依据果穗有紧穗、散穗 2 种。

1. 按果实和茎叶颜色分类

（1）固定种。目前栽培的人参大部分是紫茎、红果种，基因型为 PPRRhh，称为固定种。

（2）黄果种。人参以红果为主，而黄果种作为隐性性状存在着，它的茎、叶柄和叶因没有花青素，呈现浅绿色。果实的外果皮、果肉为橘黄色，内果皮和种皮为浅黄白色，基因型为 pprrhh，称为黄果种。

（3）青茎种 若茎色是由两对基因互作的抑制作用（Inhibiting effect）控制，基因型为 *P-hh*、*ppH-*、*pphh* 个体，由于 *H* 为花青素抑制基因，因此表现型均为青茎，其理论数据青茎、紫茎比为 13：3。研究认为茎色与光照有一定相关性，因此茎色遗传尚需进行深入考究。

2. 按根的形态分类

依据人参根及根茎的形态可将人参分类为大马牙、二马牙（包括二马牙圆芦、二马牙尖嘴子）、长脖（包括草芦、线芦、竹节芦）、圆膀圆芦（包括大圆芦、小圆芦）4 个变异类型，又称农家类型，主要区别如下。

（1）大马牙。芦头短粗，芦碗（茎痕）大、明显，芦碗节间小。主根粗壮，支根短粗而多，须根多，植株高大，茎秆粗壮，根产量高。

（2）二马牙。与大马牙相似，但各部位的特征不如大马牙明显，主根粗壮比较长，根茎稍长且较细，茎痕较小，越冬芽也小，支根较长，须根少，茎叶较壮，产量略低。

（3）长脖。其中分为竹节芦、线芦、草芦，均表现芦头细而长，芦碗小，芦碗节间长而明显，主根细长，须根长，生长缓慢，产量低。

（4）圆膀圆芦。体形介于长脖与二马牙之间，根茎长，主根肩膀圆，根形美观，植株较矮小，根产量略低

3. 其他变异类型

人参果穗有紫穗和散穗类型，前者果实多，果穗紧密，呈圆球形；后者果实少，稀疏。可根据茎的数目分为单茎参（一般多为单茎）、双茎参和多茎参等。

二、研究进展及育种目标

（一）遗传的主要研究进展

1. 细胞遗传学

从 20 世纪 30 年代开始，许多学者对人参属植物进行了染色体的分类研究。杨涤清（1981）对人参属植物进行染色体分类研究，将该属中的种按染色体数目顺序排列，假人参（*P. pseudo-ginseng* Wall.）（2n = 24）、三七（2n = 24）和竹节参（*P. japonicus* C. A. Mey.）（2n = 24）是二倍体种，人参（2n = 44，48）和西洋

参（2n = 48）等为四倍体种，从而形成该属的多倍体系列。其中染色体数目最少的种通常就是始生种，倍数多的种被认为是较进化的类群，从染色体探讨该属的演化方向。崔秋华（1982）观察了人参染色体数，并进行核型及 Giemsa 深染区分析，得出核型公式 $2n = 48 = 24m + 165m + 851$，根据染色体核型公式认为人参是异源多倍体。任跃英进行了西洋参根尖染色体的计数，并对其染色核型进行分析研究，得出核型公式为 K（2n）= 48 = 20m + 26sm + 2st。

李方元对 8 个不同农家品种类型的染色体核型差异做了研究。他认为抚松大马牙、抚松二马牙、集安二马牙参应统称为马牙类型，集安大马牙参虽然染色体核型的臂比偏大，亦应归为马牙类型，抚松长脖参、集安长脖参、竹节芦参应归为长脖类型。集安圆膀圆芦参应归为圆芦类型。

2. 生物学性状及经济学性状遗传

对分离的各种农家品种开展了多方面的鉴定研究工作，如各种农家品种在各产地的混合比例及与产量的关系、形态和组织解剖、农艺性状、抗逆抗病性、生理生化、染色体核型、种皮纹饰、化学成分等。统计学分析确认人参种内的变异类型在性状上有差异性。研究认为，大马牙是产量最高的类型，黄果是人参总皂苷含量最高的类型，长脖（石柱参的基原植物）、圆膀圆芦（石柱参的基原植物）和二马牙（边条参的基原植物）根形好且各有特色。

赵寿经等（1993）用方差和聚类分析研究了集团选择的各类型子代 17 个苗期性状，单株重等 12 个性状差异显著，并认为大马牙与二马牙亲缘关系接近，圆芦与长脖接近。在对农家类型子代成熟植株 11 个经济性状的比较中，7 个性状差异显著，在对 5 个主要产量性状进行遗传分析中，证明不同农家类型的产量和产量构成因素有较高的遗传力，单根重、根粗、茎粗与单产呈极显著正相关，各产量因素与产量构成因素有较大的选择改良潜力。

魏建和等采用系统选育方法，从 1980 年起从群体中选育了近 3 000 个边条人参单株，经过连续 5 代自交选择，培育出了综合性状优良的边条人参新品种和一批性状稳定一致株系。采用变异系数及相关、回归和聚类等多元统计分析方法，对经5代自交获得的边条人参种质材料（株系）性状的变异及性状间的互相关系进行分析，为人参品种选育和规范化种植提供依据。

任跃英等人对抚松一参场人参地上植株的茎高、茎粗、叶宽、果形、叶特征叶面积等差异调查，结果表明人参植物群体是一个品种高度混杂的群体。种源变异多，有广泛的育种基础。

（二）育种的主要研究进展

1. 国外育种的目标动态

20世纪50年代日本开始开展人参系统选育工作，在1968年育成人参品种——御牧种，其特点是根形美观，但产量偏低。韩国在黄果人参育种及高光效人参育种等方面已开展了多年的研究工作，CHoi K. T等人（1998）从农家参田中挑选了许多具有独特性状的植株，通过与当地已经分离纯化了的地方栽培品种相比，命名为"KG"（Korean Ginseng）系列品系。KG系列的4年生人参长势强壮，KG101品系的主根显示出比地方品种 Jakyung-jong 和其他品系都长的特性；KG102品系显示出茎多而株矮的特性，根重比地方品种高出15%。韩国有20个人参新品种通过国家审批，其中，天丰：紫茎，叶柄具黑色斑点；浆果粉红色，果熟期较农家品种晚10天，根长适中，根病少，抗人参锈腐病（*Cylindrocarpon* sp.）适于加工红参；耐强光；6年生参根单产1.39kg/m^2。连丰：茎矮，双茎多，光合作用好，参根短粗，单产1.74~2.08kg/m^2。金丰：黄果，结果率比其他品种高，沙壤土栽培好，土壤湿度大时红皮病严重，加工出的红参色泽偏浅，平均单产1.74~2.08kg/m^2。高丰：茎矮，浓绿色，平均单产1.74kg/m^2，产量不如连丰和金丰。仙丰：主要是质量好，抗地上部病害。通过分析对国外特别是韩国的人参育种目标有了一定的了解。

2. 国内育种的目标动态

赵寿经等开展人参的农家类型主要数量性状的综合比较分析，

探讨类型间的亲缘关系和相关的主要性状，采用 8 种聚类方法对人参不同类型进行了聚类分析，结果以类平均法和离差平方和法的分类效果最好。7 个样本被分成 4 类，即黄果人参；大马牙、二马牙、圆芦；长脖、竹节人参；西洋参。以离差平方和法对性状的聚类将全部 100 个性状分为 9 组，探讨了主要性状之间的关系。筛选 60 个有代表意义的性状进行主成分分析，得到累积贡献率达 85% 以上的前 3 个主成分，分别为齐墩果酸因子、生长势因子和总皂苷因子。

赵亚会等 1986—1996 年在人参混合群体中，依单根重、根形等经济性状选择 4 个集团，现已成功育成 2 个人参新品种——"吉参 1 号"和"吉林黄果参"。赵寿经等人对吉林黄果人参与普通红果人参形态特征、农艺特性以及主要有效成分含量等综合性状进行了多年对比观察分析，表明吉林黄果人参茎和叶柄为绿色，果实成熟时为黄色，与目前生产上栽培的红果人参明显有别。花轴较短、叶片较宽；出苗期略晚 1~2 天；开花和果实成熟期提早 1~2 天；出籽率高于红果人参；3 年生种苗单产高于红果人参，5~6 年生人参产量略低。人参总皂苷含量、总挥发油含量、总氨基酸含量以及总蛋白质含量分别比红果人参高 0.39~0.44、0.067、1.88 和 3.56 个百分点，总糖含量比红果人参低 2.44 个百分点

中国医学科学院药用植物研究所应用系统选育法，从生产上选择近 3 000 优良单株，经连续四代自交纯化培育出了我国第一个边条人参新品种——"新开河 1 号"。该品种茎绿色，参根粗长，参形优美，对黑斑病具中等抗性，边条参率比对照高 15%，达 80% 以上，产量比对照高 30% 以上，总皂苷及大多数分组皂苷的含量高出对照 1.8%~2.5%。地上部和根部性状整齐度高，稳定性好。

人参的浆果颜色（红色、黄色）；结果率高；地上植株耐强光；根形美观、短粗、根重、质量好；多茎、株矮、紫色茎色、浓绿色或具黑色斑点；长势强壮、抗病性强、根病少；总皂苷、总挥发油、总氨基酸以及总蛋白质含量高等是我国的人参的主要育种目标。

（三）育种目标

人参品种选育的目标各地区有所不同，新栽培地区主要表现为单产低而不稳，老参区主要表现病害严重，尤其是根病，同时人参普遍表现生产周期长，多达 6 年以上。因此，人参的品种选育主要应以优质、高产、多抗为目标。

1. 优　质

人参的药效成分主要是人参皂苷（*Panaxosides*），其根、茎、叶、花、果实中均含有。按化学结构可分为 3 类：即齐墩果酸型（Oleanolic acid）［OA］型如 Ro 等；20s-原人参二醇（20s-Protopanaxadiol）［PPD］型如 Ra_{1-3}、Rb_{1-3}、Rc、Rd、Rh_2、Rg_3 等；原人参三醇（20s-Protopanaxatriol）［PPT］型如 Re、Rg_1、Rg_2、Rh_1 等。同时，还含有糖类、脂肪类、挥发油类、氨基酸类、甾醇类、维生素类等有效成分。有效成分和营养成分的高低是衡量人参品质优劣的重要标志。

当前，加工人参产品主要有大力参、红参、生晒参等，这些产品的性状表现与鲜参根的形状、各部位的比例直接有关。当主根占的比重大，芦头、芋、支根和须根少时，出货率高。另外，为了提高产值、扩大销路、换取更多的外汇，应该培育根形美观、支头大的品种。由此可见，根型也是人参育种的目标之一。

2. 高　产

人参系宿根性草本植物，多以 6 年生做货（收获），也有 7 年生、8 年生，甚至十几年生做货。主要收获地下部主根、支根、芋（不定根）和芦（根茎）。近年来对茎、叶、花、果等也进行收获，进行综合利用。人参的产量构成因素主要有单位面积株数、单株重、单支重。人参生长缓慢，以地上部为例，人参叶数在每年内的生育期中是不变的，即春季出苗是几片叶，直到枯萎前还是几片叶，茎叶生长期仅为出苗期后 20 余天。人参根在 1 年内不同生育期间，生长速度差异很大。从出苗后 60 天（7 月上中旬）到100 天（9 月上旬）内，参根生长速度很快，这 40 天仅为生育总天数的 30%左右，但这一段时间的生长量，约占参根每年总增重量的一半以上。高产是优良品种最基本的条件，在保证质量的前提下，应选育具有高产、稳产性能的品种。

近些年来，最低的单产为 1.46~2.79kg/m²、单株鲜重 31.5±1.24g，造成人参单产低、单支重差异大的原因很多，除自然环境条件和栽培技术等原因外，还存在着品种类型的差异，高产品种多为马牙类型，低产品种为长脖类型。

3. 多 抗

由于人参地上部器官每年秋季枯死，翌年重新长出地面，大量地消耗了根内养分，降低了根的抗病性；人参有须根年年脱落的习性，致使导管等组织敞开，成为病原微生物侵染的入口；人参根木栓层薄，木质化程度低，几乎没有机械组织，病原物一经侵入，根将迅速腐烂；人参为阴性植物，地上器官怕强光照射，有抗性差的特点，国内外记述的侵染性病害有 50 余种，非侵染性病害 8 种。我国北方人参病害约 20 余种，这些为害根部的病原微生物多为土壤习宿性、非专化型的寄生。加之人参一地要连续种植 3 年以上，更利于病原物的积累，造成病害日益猖獗。在当前生产上根部病害多是通过农业综合防治来减少发生。6 年生人参因根病造成的缺苗为 20%，严重地块达 50%以上。由此可见，人参经常受到病害、虫害、冻害等自然灾害的影响，是造成人参产量不高的重要因素，在选育新品种时，必须针对上述灾害，注意选择抗性强的品种，特别是抗病性强的品种。

三、繁殖方式与育种途径

（一）繁殖方式

1. 有性繁殖

以吉林省中南部地区为例，人参开花期为 6 月初至 6 月末。伞形花序外缘小花先开，逐渐推向中心。花期一般 7~11 天，不同年生植株花期不同，开花后 4 天进入盛期。从第一花瓣开裂到全部开放需 4.5h，到凋谢需 2~3 天。单朵花开放的时间长短与当时的湿温度有密切关系，晴天为 23~48h，阴雨天为 30~60h（檀树先，1985）。日开花多集中在 6—14 时，其中 7—11 时为高峰期，可占 75%，夜间很少开放。人参属长日照植物，但在短日照的地区（如云南省）也可开花结实。人参是雌蕊先熟开花授粉的植物，自然异交率在邻株间为 20%~27%，邻畦间为 11.3%，（大隅敏夫，1962），属常异花授粉植物，常有些昆虫传粉，在人参良种选育及单株选择时，应采取有效措施防止异交。

在黑暗、干燥、低温（4~6℃）条件下，人参开裂花药的花粉生活力可保持 3 天，花药未开裂的花粉可保持 5~7 天，花穗之花粉可保持 10 天以上。未开花的花粉在室内条件下可保持 3 天。未开裂花药（含水量 26%~32%）经 20% 蔗糖或 10% 甘油的水溶液为冷冻保护剂进行冷冻处理，在液氮（-196℃）中进行超低温保存，可使花粉生命力由几天延迟到 11 个月以上，这为开展人参属间杂交及保持种质资源有重要意义。人参为中型花粉，1 朵花有 25 万个花粉粒。

人参的有性杂交技术如下。

（1）调节开花期。人参属内不同种间杂交必须调节开花期。如人参与西洋参杂交，由于人参开花期早于西洋参 1 个月，因此需将西洋参的种植提前 1 个月以上，约在 3 月中旬室内盆栽。人参与三七杂交，由于人参开花比三七早 3 个月，且三七为短日照植物，故应将三七的种植提前 3 个月，约在 1 月室内盆栽，并给予短日照或赤霉素处理，促使其提前开花。也可将人参在低温（-5℃）条件下冷冻，以调节人参开花期。

（2）母本去雄。当花蕾上部膨大，浅绿色的花瓣边线即将露出时，选择健壮无病的母本植株，留下花序外圈的小花，其余花和花蕾全部剪掉，于开花前 1~2 天人工去雄。去雄时，用解剖针轻轻压花蕾，花瓣便可开裂，用解剖针逐一去除白色的花药，去雄过程中，绝对不许碰伤柱头及碰开花药，可以去掉部分花瓣。去雄后立即套袋，1~2 天后授粉，也可在去雄当天授粉并套袋。

（3）采集花粉与授粉。选取未开花的健壮父本参株并套袋，待开始开花时，将刚开花的花药收集于小瓶中，用毛笔蘸取花粉涂抹柱头。若花药未开裂或阴天不开裂，可日晒或置于温度不高于 30℃ 的干燥地方处理。一般于去雄当天或第二天授粉 2~3 次。套袋可在 7 天后取下。

（4）胚的发育及种子生物学特性。人参授粉后，胚乳原核 24~36h 内完成第一次有丝分裂。初期，核是同步分裂，核间不形成隔膜（细胞壁），核被细胞质所包围并分散在胚囊里；9 天后分散在胚囊里的胚乳核有 40 个左右，12 天后胚乳细胞充满胚囊。卵核在授粉后 24h 左右受精，受精卵约有 8 天的停滞期，以后才开始分裂；到授粉 17 天后，胚长达 48~50μm。此时，胚是由数十个细胞所组成；21 天时胚长 81μm，由 6~8 层细胞组成，并开始吸收胚周围的胚乳细胞；胚长达 228~230μm 时，胚先端子叶分离，伸长 70μm 左右；56 天后，胚长 340μm 左右，进入采种期。

人参种子具有胚后熟的特性。它需要在温度为 15~21℃、湿度适当的条件下，经过 90~120 天人工催芽处理，使胚长达 4.5mm 以上，才完成胚的形态发育。此时，可明显地看到两片长勺形的子叶和一个小的三出复叶。发育完好的胚还有生理休眠的习性，需要在温度为 0~5℃、湿度适当的条件下，经 2 个月左右的低温处理，才能通过休眠。此时的种子在适当条件下方能出苗。40mg/L 的赤霉素浸种 24h 可加速胚的形态发育；对完成胚后熟的种子，用 40mg/L 赤霉素浸种 24h 则可打破生理休眠。

2. 无性繁殖

（1）带有芦和芽孢的根茎无性繁殖。秋季将人参主根切除，利用带有芦和芽孢的根茎作繁殖材料，可进行无性繁殖。但由于烂根严重，出苗率仅为 30% 左右。同时，切下根芦和芽孢进行繁殖的这种做法严重影响做货参根的质量。因此，人参的无性繁殖对生产实践没有多大意义。

（2）利用组织培养繁殖。利用人参的根、茎、叶、花梗、花丝、上胚轴、子叶等体细胞作外植体，在附加一定激素的 White、MS 等培养基上，可以培养出愈伤组织，进而培育出完全植株；利用花药单倍体也可以培养出纯合二倍体植株。在目前还没有解决好将试管苗移植到田间的技术问题，所以尚未进行实际应用。

（二）主要的育种途径

1. 选择育种

（1）集团选择。人参是一种以自花授粉为主，常发生异交的常异花授粉植物。因此，更多的情况下可视为自花授粉植物，不同群体可视为不同的"纯系"。针对这一特点，在人参中开展集团选择，即从混杂群体中按不同性状分别选择属于各种类型的单株，并将同一类型植株的种子混合组成若干个集团，将这些种子集团分别播种在不同小区上加以比较、鉴定，是人参培育新品种的简单易行、见效快的有效方法。例如，中国农业科学院特产研究所在吉林省集安市头道镇参场，从 1986 年开始在当地 4 年生人参混杂群体中，按单根重、根形等性状进行根选，分别栽植，获得 4 个集团，然后在各集团上分别留种，下一代分别播种，同时对子代移栽时再依据各集团根选后分别栽植、留种，这样反复进行。王荣生（1990）、赵寿经（1991）等，对选后的 4 个编号为集安 1 号（G1）、集安 2 号（G2）、集安 3 号（G3）、集安 4 号（G4）的品系的集团选择后代的 2 年苗性状表现进行调查和产量比较试验，得出集团选择如下的 3 个效应。

①纯化效果：对品系 G2、G4 及混杂群体各选 120 株，对根长性状进行测量，得到正态分布曲线。由于人参根长是一个典型的数量性状，呈连续变异，混杂状态的人参根长的正态曲线表现平缓峰，选择后变为较集中的陡峰，每个集团都保持各自平均长度的特征，并朝选择的方向移动，表现出纯化效应。

②增产效应明显，产量性状具有较高的遗传力：从子一代 2 年生苗看，G1 较当地混杂系增产 24.49%，G2 增产 22.49%，G3 增

产 12.52%，G4 减产 21.04%。将集团选育子代 2 年生苗单产与亲代做货单产比较，看出亲代产量高的集团基本上其子代产量也高，表明产量性状具有较高的遗传力。

③主要农艺性状的遗传特性和集团选择效果：赵寿经等（1992，1993）对集团选择方法选育的人参各个集团子代苗期（2年生）与成龄期（4 年生）主要农艺性状进行以下选择效果分析。

A. 苗期主要农艺性状　子一代人参各集团苗期植株主要农艺性状的数值表现及方差分析结果表明，测定的 9 个性状均达到显著差异水平。其中，存苗数和茎粗达 5% 显著水平，其他 7 个性状均达到 1% 极显著水平（表 1-1）。

表 1-1　人参各集团苗期主要农艺性状的数值表现及方差分析

集团	单产 ** （kg·m^{-2}）	单株根重 ** （g）	存苗数 *	茎高 ** （cm）	茎粗 * （cm）
G_1	1.799±0.096	3.81±0.31	389±52	6.98±0.59	0.22±0.02
G_2	1.77±0.045	3.48±0.08	421±76	8.37±0.21	0.22±0.02
G_3	1.626±0.128	3.41±0.16	395±31	5.21±0.41	0.19±0.01
G_4	1.141±0.081	3.09±0.19	306±48	6.78±0.63	0.21±0.01

集团	叶长 ** （cm）	叶宽 ** （cm）	根长 ** （cm）	根粗 ** （cm）
G_1	8.95±0.23	4.66±0.04	17.7±0.9	1.15±0.03
G_2	8.04±0.16	3.83±0.06	19.25±0.81	1.03±0.06
G_3	7.4±0.48	3.59±0.12	16.37±1.44	1.11±0.05
G_4	7.9±0.17	3.9±0.11	17.98±1.33	1.01±0.03

（赵寿经等，1992）

B. 成龄期主要农艺性状。子一代人参各集团成龄期植株主要农艺性状的数值表现及方差分析结果表明，测定的 11 个性状中有 7 个性状达到显著水平，这与苗期的研究结果基本一致。其中，单产、单根重、根粗、根茎长、茎粗性状的差异达极显著水平。

（2）系统选育。系统育种作为基本选择育种方法，应用在人参育种中是一个行之有效的育种手段，但由于人参为多年生植物，采用系统育种方法育成新品种需经十几年甚至几十年的艰苦努力。

在系统选择过程中，要注意以下几个问题。

为了获得优良遗传的变异单株，选择要建立在对群体混杂情况进行调查的基础上，并在掌握优良性状比较评价的方法的基础上进行。

为了获得优良遗传的变异单株，应适当扩大选择目标，少者几百个，多者达数千个优良单株。注意研究各性状间的关系以及性状间的相互影响，掌握性状选择的关键；淘汰那些与原品种无变化的单株或株系，减少不必要的工作量；性状选择应在表现最明显和便于了解其发展变化的时期进行观察与选择；注意优良单株或株系的选择和培育。

2. 杂交育种

杂交育种是一种常规的育种方法，但在人参育种工作中开展并不广泛，仅在种间开展了远缘杂交育种。其原因是人参种内的农家品种还不稳定，在亲本不纯的情况下，进行杂交没有意义。为此，中国、日本、朝鲜等国都不同程度地开展了人参属内不同种间杂交。对杂交后代选育、观察，发现杂交不育、后代不结实的现象普遍存在，表现了远缘杂交的特性。

例如，日本的宫泽洋一试图通过杂交培育人参高产、抗病新品种。曾于 1959—1964 年用人参、西洋参和竹节参进行了相互正、反交，共做了 125 个杂交组合，并且均得到了种子。但结实率有差异，其中人参做母本的为最好，竹节参做母本的最差，竹节参、西洋参的组合，供试 11 株，仅收 3 粒种子。F_1 种子裂口率以人参×西洋参杂交的杂种一代种子裂口率最好，为 81.2%，以竹节参为母本的种子胚和胚乳发育不良，裂口率竹节参×人参仅 33.3%，竹节参×西洋参全没裂口。

无论哪个组合，F_1 茎叶、根的长势均比两亲本旺盛，表现出显著的生长优势。随着杂种人参的生长发育，到第六年这种优势更突出。F_1 的叶型（叶宽/叶长×100）一般呈双亲中间型，但西洋参×竹节参的小于双亲。根质表现人参×西洋参、西洋参×人参的组合根质脆、侧根易损坏。人参×竹节参、竹节参×人参、西洋参×竹节参的组合地下茎部均稍长，表现了竹节参的形状，根部的表皮也稍呈粗糙的质地。各杂交组合除人参×竹节参组合得到若干种子（F_2代）外，其他几个组合高度不育。对 F_1 花粉调查结果表明，多数花粉因缺少内含物，无发芽力或很少发芽。人参×西洋参、人参×竹节参组合的 F_1 花粉母细胞在减数分裂中，多数情况下形成 2 个，很少有 4 个单价体。人参×竹节参 4 个单价体的情况最多，少有 6 个或 8 个单价体。

杜令阁等（1990）利用组织培养方法对人参×西洋参以及西洋参×人参的杂种胚进行了培养，得到了具体不定芽长久分化能力的体细胞无性系和可大量形成胚状体的愈伤组织无性系，为人参远缘杂交育种创造了条件。

在进行杂交育种时要注意如下几点。

一是杂交后代分离现象严重，优良类型的百分率不高，因此要增加杂种后代群体数量和进行多代选择，才能获得符合选育目标，遗传性比较稳定的类型。

二是注意采取必要的措施进行开花期的调节，使杂交亲本的花期相遇。

三是把握适宜的采粉、授粉时机，采用必要的克服远缘杂交困难的方法，如杂交授粉时，可对杂交母本柱头进行激素处理，提高结实率；对 F_1 的后代进行必要的复交或回交，以提高可育性。

四是为了有效地克服远缘杂交的困难，可开展杂种胚组织培养或利用 F_1 代花粉进行离体培养，提高后代成活率，减少杂交后代分离。

3. 诱变育种

人参种内变异类型少，生产上又急需抗病、高产的品种，为此应大力开展物理、化学方法诱变育种，从而扩大变异范围，增加变异类型，从中选育新品种并为杂交育种提供更多的条件。

庄文庆（1990）曾用 0.1%~0.2%秋水仙碱处理人参种子，获得了变异体，其气孔比对照大 30%左右，花粉败育率达 90%，结实率仅为 5%左右；用 ^{60}Co 源及中子源处理人参种子、花粉，通过对后代表现进行观察，摸清了诱变种子的适宜剂量 ^{60}Co 源为 7.74×10^6C·kg^{-1}。快中子照射花粉的适宜剂量为每平方厘米 5×10^7 个中子。

多倍体育种在人参育种中有其实际意义。可利用多倍体的巨大性，提高人参产量，利用多倍体旺盛的新陈代谢，提高人参皂苷含量，特别是利用多倍体有较强的抗逆性，获得抗病品种。但由于多倍体植物的染色体倍数存在限度问题，人参已经是多倍体，再进行多倍体诱导，几倍体是人参多倍体的适宜倍数，是否能达到预期的效果，至今尚无定论。1972 年吉林农业大学张亨元等，用 0.1%~0.2%秋水仙碱处理种子 12~24 小时，播后发现有的叶片肥厚、叶色浓绿、刚毛变长、茎粗壮，开花时花粉败育率达 95%，结实率不足 10%，气孔比对照组大 27%等的变异。日本曾于 20 世纪 50 年代用秋水仙碱诱变处理人参未获成功。

李方元（1989）探讨了秋水仙碱诱导多倍体的方法。应用梯度浓度的秋水仙碱，对人参裂口种子和种栽芽孢进行梯度时间处理，出苗后定期进行性状长势调查和显微镜观察。结果裂口人参种子经处理后与对照组差异不显著，植株形态未分化。种栽芽孢经处理后，生长的植株地上部变化很大，叶片皱缩卷曲，茎秆增粗，植株矮小、花粉败育、子房萎缩、甚至芽孢不发育等，细胞染色体数量也发生变化，结果见表 1-2。摸清了秋水仙碱诱变的最佳条件为 0.2%~0.5%，处理时间为 8~12 小时。得出结论，在一定的浓度范围内，植株变异率与秋水仙碱液浓度和处理时间呈负相关。

农田人参种植理论与实践

表1-2　人参植株不同处理诱变效果

秋水仙碱浓度（%）	处理株数	4h		8h		12h		24h	
		变异率（%）	结实率（%）	变异率（%）	结实率（%）	变异率（%）	结实率（%）	变异率（%）	结实率（%）
0.05	25	0	—	0.12	—	0.12	—	0.22	0.78
0.1	25	0	—	0.32	—	0.39	—	0.61	0.26
0.2	25	0	—	0.74	—	0.74	0.78	—	0
0.5	25	0	—	0.74	0.87	0.9	0.6	—	0
1.00	25	0	—	0.79	0.68	0.9	0.3	—	0

（李方元等，1989）

　　另外，人参属种间杂交与多倍体诱变结合起来，培育异源多倍体也是一条可以探索的育种途径。

四、良种繁育

（一）疏　花

　　6月上旬，在人参花序有1/2小花开放时需进行疏花。花序中央的小花蕾掐除1/3~1/2，花序中的病弱花及散生花全部掐除，使营养物质集中供应保留的花序，有效地提高种子产量。

（二）疏　果

　　疏果以坐果后进行为宜。用手掐掉发育不好的果粒及一些病果，保留健壮发育好的种果，使果粒更大、更整齐。

（三）留种田混选

　　选择一级种栽为种源建立良种繁育田，如此保证良种繁育优选优育。在7月下旬至8月上旬的红果期，从长势良好、健康无病的5年生人参田中挑选植株高大、茎秆粗壮、叶片宽而厚的健康的人参为留种植株，挂牌标记，待果实红透时混合采果。

第五节 农田栽参光合特性

人参喜好在阴凉、湿润的条件下栽培，各生育期均要求一定的或者较稳定的温度。人参出苗、展叶期间，气温在15℃左右为宜，气温超过30℃（塑料小棚或地膜）出苗缓慢，出苗率很低，气温低于8℃，出苗展叶缓慢，甚至停止生长，当遇到-2~4℃低温，虽不能冻死参苗，但会出现茎弯叶卷现象，参苗缩卷成球状。如果气温降低至-4℃以下，则会发生冻害。参根在萌动时或在地上枯萎后至冻结前，最怕冻化交替，参根会出现冻害即缓阳冻。进入冬眠后，耐低温能力增强，产区自然低温条件下可以安全冬眠。另外，有研究证明，土壤温度稳定并超过5℃时人参根开始萌动，土壤温度平均稳定上升到10℃左右人参便能出苗，展叶期的适宜温度为12~14℃，开花期的适宜温度为14~16℃，红果期的适宜温度为16~18℃，枯萎期的适宜温度为18~20℃。从开花期到红果初期是人参生长发育的最旺盛时期，对环境温度要求很严格，适宜的气温在20℃左右。还有报道指出，山区气温的年变化特征为：春季（4—5月）的气温一般在9.5℃左右，冬季寒冷，最低气温达到-40℃以下；秋季（9—10月）的气温一般保持在10℃左右，而9月份平均气温则为14℃左右。夏季6月份的气温在18℃左右，比较适宜。春、秋两季气温偏低，满足人参的生理要求。7~8月份气温较高，很多地区最高月平均气温达到了22~23.5℃，不利于人参的高产。也有一些高寒的山地，此段期间的气温低于17℃，也抑制了人参的生长发育。可见，在人参的生长发育过程中，应把各生育期的温度控制在适宜的温度变化范围内，否则就会影响人参产量和质量的提高。

在生态因子中比较重要的因子之一为光环境因素，光也是影响植物形态和功能的重要因子，对其生长、发育和演化都有着极其重要的作用。光环境因子在人参的生长过程中发挥着很重要的作用。

俄罗斯学者认为，人参的年生不同，需要的光照强度也不同。1年生人参喜弱光，给予自然全光量的3%~5%为宜；而2年生以上的人参，能在自然全光量50%的光照条件下正常生长。日本学者认为人参生长的最佳光照强度为6 000~8 000lx；韩国学者认为，人参生长的最适阴棚透光率为18%。王铁生等研究表明，人参的光补偿点为400lx，从400lx增加到10 000lx，人参的光合强度呈直线上升趋势，从10 000lx到33 000lx，人参的光合强度增加得很缓慢。冯春生等测得人参光饱和强度为10 000~20 000lx，适宜的光照为6 000~20 000lx。在东北参区，一般参棚透过光为自然全光量的20%~40%为宜。

一、人参光生理研究

（一）人参的光合作用特性

光合作用是人参产生物质的基础。人参在进行光合作用的同时会表现出相应的特性，即光合作用特性。一般来说，植物的光合特性包括净光合速率、叶绿素含量、光饱和点、光补偿点、CO_2饱和点、CO_2补偿点等指标。徐克章等研究表明，人参叶片净光合作用速率的变化范围在$1.5~5.0\mu mol\ CO_2 m^{-2}s^{-1}$。光合作用的光补偿点和光饱和点分别为$5~20\mu Em^2s^{-1}$和$120~480\mu Em^2s^{-1}$。强光下生长的叶片有较高的光补偿点、光饱和点和净光合速率；人参净光合作用的最适温度为15~25℃。冯春生等测定，人参光饱和强度为10~20klx。王铁生等认为，人参光补偿点为400lx，由400lx增加至10klx，人参光合强度似直线上升，由10klx增加至33klx，人参光合强度增加缓慢。张治安等测定人参叶片光合作用CO_2补偿点为$36.6\mu mol \cdot mol^{-1}$。人参是阴生植物，利用光的能力较低，因此净光合速率、光饱和点、光补偿点都较低，但这也与大多数阴生植物的研究结果一致。同时，不同年生的人参叶片的净光合速率有差异，一般以1年生植株叶片光合速率最低，其测定值显著低于其他年生叶片的光合速率。6年生人参叶片光合速率有下降变化，2~5

年生人参光合速率较高。

（二）人参光合作用的变化规律

1. 人参生育期光合作用特征的变化

人参的生长发育要经过展叶、开花、绿果、红果等多个时期，但是在不同时期人参叶片的结构、光合酶含量、光合色素含量等因素都各不相同，因此进行光合作用的能力也不同。王豫等研究显示，人参叶片的净光合速率在整个生育期内有 2 个高峰期，分别是展叶期和绿果期，且绿果期净光合速率高于展叶期，植株开花后略有下降，果实生长和成熟期呈持续下降趋势。

徐克章等研究表明，净光合速率在尚未形成生殖器官的 1 年生人参叶片完全展开后即达最大值，此后缓慢下降；2~6 年生人参叶片完全展开后达第一个高峰，开花期略有下降，绿果期出现第二高峰，此后持续下降。同时，发现人参叶片净光合速率生育期变化存在明显的光温互作效应，强光和高温可使人参植株生育期缩短，净光合速率加速下降，而低温和弱光使植株生育期延长，净光合速率缓慢下降。此外，绿果期叶片净光合速率对光强的响应最敏感，开花期叶片次之，红果期叶片净光合速率对光强的响应不敏感。并且绿果期后净光合速率的下降属非气孔限制因子所致，因为此期间胞间 CO_2 浓度较低，且表现较大的水分利用效率，说明绿果期的人参对水分需求最敏感。而在开花期去掉花蕾的 4 年生人参叶片在绿果期并没有出现净光合速率的第二个高峰，但在对应的红果期和黄叶期净光合速率却下降缓慢，说明开花后叶片净光合速率的变化受生殖生长的调控。在人参栽培实践中去除花蕾可降低生育后期净光合速率的下降幅度，从而达到增产的目的。

由实验结果看出，绿果期是人参生长的关键时期，在人参栽培实践中加强此期间的田间管理、注重水分供应，对提高人参叶片的光合生产能力和人参的高产栽培有重要的理论及实践意义。

2. 人参光合作用的日变化

一天中人参进行光合作用的外界条件是不断变化的，其光合作用也会随之呈现明显的日变化。冯春生研究 4 年生和 6 年生人参光合速率的日变化显示，二者日动态变化基本一致，早晨和傍晚光合速率较低，随光照强度增加，光合速率迅速上升，至中午期间，光合作用强度达到最大值。徐克章等认为，人参叶片光合作用的日变化，主要受冠层上部光照的影响，在遮阴棚下，呈单峰曲线型变化。人参叶片的光合作用随着日出而迅速提高；下午随着日落光合作用逐渐下降，最后停止。蔚荣海等对 4 年生人参一天中三个时段的光合作用进行测定，结果显示，光合效率以 9—11 时最高，中午已开始下降，14—16 时最低。在干热条件下，人参叶片光合作用日下降较大。因此，一天中保证水分的供应是人参进行光合作用的重要条件。

（三）影响人参生长及光合作用特性的因素

1. 光强对人参生长特性及光合作用特性的影响

光照是人参进行光合作用的能量来源，光照的强弱直接影响人参光合作用的效率。王铁生等研究显示，人参光补偿点和光饱和点低，在弱光下的光能利用率较高，同样的光强，阴棚和人工光照下人参的光合速率比自然光下的高。3 年生人参光合作用的能力提高很快，6 年的参龄光和能力开始衰减。徐克章等对不同透光率阴棚下 3 年、4 年的人参叶片生长和光合作用特性进行了研究，结果表明，当阴棚透光率低于 20% 时，人参叶片净光合作用速率较低，当阴棚透光率超过 40% 时，叶片生长受阻，叶绿素含量明显下降，净光合作用速率不再增加。而 25%~40% 透光率阴棚下叶片，既具有较大的叶面积，叶片净光合作用速率又较高，是该实验中人参栽培适宜的光照条件。冯春生等测定 5 年生人参光合作用结果表明，参棚透光率增加，棚内光照强度也增加。透光率为 25% 时，光照强度达到饱和光强度，人参光合速率最高。透光率大于 25%，光合速率下降，叶片颜色也由绿色逐渐变为黄绿色。光照强度是影响人参光合特性及生长发育的重要因素，根据人参生长的生境条件调节光照是人参增产栽培的关键环节。例如，低龄参光合功能较强可适当增加参棚透光率，参龄在 5 年及以上参则喜好低透光率；而高温强光照又使人参生长加快，生育期缩短，在高温地区可以在人参适宜生长光照条件的基础上适度降低光照强度，低温地区反之。

徐克章等研究了光强对人参生长、叶片比重及叶绿素含量的影响，对不同透光率下人参叶片的测定表明，5%~30% 透光率阴棚下，人参叶片面积的变化不大，只有当阴棚透光率超过 40% 时，才明显抑制叶片的生长。说明在相当大的阴棚透光率范围内，人参叶片面积不受光强的影响。此外，人参叶片叶绿素的含量随着阴棚透光率的增加而下降。从叶绿素的 a/b 比值的变化来看，5% 和 10% 两种透光率阴棚下叶片叶绿素 a/b 的比值较低；15%~30% 透光率阴棚下叶片叶绿素 a/b 的比值较高；40% 和 50% 透光率阴棚下叶片叶绿素 a/b 的比值又开始下降。人参叶片比叶重受生长期间光照条件的影响，随着阴棚透光率的增加，人参叶片比叶重增加。当阴棚透光率超过 45% 时，人参叶片的比叶重呈下降变化。同时，光照强度对人参黑斑病、炭疽病的发病率有促进作用，随着光照强度的增加，这两种病害的发病率有明显上升的趋势。

光强对人参中的物质含量有影响，张治安等研究结果显示，不同光强下植株中可溶性糖含量的变化差异不明显；淀粉的含量随着光强的增加而呈增加的趋势。5% 透光棚下参根中人参皂苷含量最低，35% 和 50% 透光棚下居中，20% 透光棚下最高，为干重的 4.5%。并且参根中萜和生物碱的含量随光照强度的减少而增加。人参中氮的含量随着光照强度的增加而减少，但是磷和钾的含量却随光照强度的增加而增加。此外，测定结果表明，5%、20%、35% 和 50% 4 种透光率的阴棚下，人参植株各器官淀粉的含量随着光强的增加而增加；在 5% 和 20% 透光率的阴棚下，参根中皂苷含量随着淀粉含量的增加而增加，并达到最大值；在 35% 和 50% 透光率的阴棚下，参根中皂苷含量则随着淀粉含量的增加而下降，参根的淀粉含量与参根干重呈显著正相关。另外，有文章报道了光照对人参皂苷含量的影响，在遮阴棚的透光率为 15% 条件下生长的人参皂苷含量最高，而在透光率超过 15% 的条件下生长的其皂苷总量稍有下降；在 5% 光照下，人参生长的叶没有皂苷 Rb3 的峰值，Rh1 的峰值也较小；在 30% 光照下生长的叶中 Rh1 峰值较高，但缺少 Rb3 的峰值。随着光照强度的增加，人参二醇型皂苷（PD）增高而三醇型皂苷（PT）减少。人参中氮的含量随着光照强度增加而减少，而磷和钾的含量则随着光照强度的增加而增加。在 50% 透光率的阴棚中，磷和钾的吸收率最高。较强光照下生长发育的植株茎及叶中的氮、磷、钾的含量比较，低光照下的含量高，而参根中的氮、磷、钾含量却与此相反。

2. 光质对人参生长特性及光合特性的影响

在光合作用中，植物吸收光能主要通过光合色素，而光合色素对光的吸收具有选择性。例如，叶绿素的吸收高峰在红光和蓝紫，类胡萝卜素主要吸收蓝光。因此，光质在一定程度上会影响植物光合作用的高低。王铁生等在人工光照和阴棚中的色膜试验中显示，白色灯管和透明的无色膜的光强比有色灯管和有色膜强，但光合速率并不高，因此认为，全白色光对人参光合作用并非有利。而短波辐射的蓝紫光却有利于人参的光合作用。徐克章研究得出，光量子流密度较低时，在无色膜、红色膜和橙色膜下人参叶片净光合速率大于在黄色膜和绿色膜下，其中以在蓝色膜和紫色膜下最高。而冯春生等测定结果表明，蓝色膜光合速率最高，其次是浅绿色膜、紫色膜和红色膜。由于实验中所用的实验材料不同，光质纯度也不同，而光质的纯度对研究结果有很大的影响，因此可能导致实验结果存在差异。同时也说明，光质同人参光合作用的关系还很复杂，测定时需同光照条件、其他光合生理指标等结合进行比较研究。光质对植物的形态建成和生理功能有一定影响。而叶片是吸收、传递和利用光能的主要器官，它对光能吸收的能力大小直接影响人参整体生长发育及产物积累的动态。有研究表明，蓝光有利于蛋白质的合成，而红光则有利于碳水化合物的合成，且红光比蓝光具有较高的叶绿素 a/b 比值和较低含量的捕光叶绿素 a/b 蛋白质复合物。徐克章等对黄光、红光、绿光、紫光、蓝光和白光8种不同光质下人参植株的形态、叶片叶绿素含量和叶片结构进行观测后表明，人参植株在蓝色、紫光下生长受阻，在红光、绿光下徒长，在黄光、白光下生长正常。白光、绿光下的人参叶片叶绿素含量高于红色、黄光，以蓝光、紫光下人参叶片叶绿素的含量最高。黄光、蓝光、紫光和白光下人参叶片的厚度大于红光、绿光下的人参叶片。蓝光、紫光下叶肉细胞较小，排列致密，层数增加，单位面积数目多。而其他光质下单位叶面积细胞数目依次为黄光、红光、白光和绿光下的人参叶片。王铁生等研究PVC有色膜结果显示，不同色膜对人参生长发育有一定的影响，深绿色膜人参生育表现不良，叶大小和根长明显偏小；蓝色膜、绿色膜叶绿素总量明显增加，尤其以深蓝色膜和深绿色膜为甚，含量增高1倍以上；黄色膜、红色膜叶片叶绿素总量明显降低。此外，蓝光、紫光除对人参生长发育有抑制作用外，对人参花期和红果期的影响更大，还能促进蛋白质合成，决定人参的化学成分。波长300～400nm的光，特别是波长290～315nm的紫外光能明显提高人参组织中维生素和蛋白质的含量，紫外光和蓝紫光也能强烈促进人参中生物有效物质的积累。

光质对人参中酶活性有一定影响。叶片中淀粉酶的活性在整个生育期呈单峰变化，展叶期和绿果期较低，随着光合作用产物含量增加和可溶糖的积累运输，红果期的酶活力达到最高值。到了成熟期，叶片中的贮存物开始转移到根部，酶活性随之降低，可溶糖含量也降低。根部的淀粉酶活力比在绿果期和成熟期高，整个生育期呈双峰变化。刘立侠等研究了生长在同等透光率6种滤光膜遮盖下的人参淀粉酶的活性后得出，展叶期的叶片淀粉酶活性除红光和黄光下略高外，其他光质下影响不大。绿果期则不同，红光、蓝光、绿光的复合光和白光下较高，蓝光和绿光下最低。到了红果期仍为红光、黄光下为高，而成熟期又为红光、蓝光、绿光的复合光和白光下的较高。总的看来，单质绿光和蓝光下的酶活性在各个生育期都表现为较低水平，其他光照下的酶活性随不同生育期而变化，无明显的规律性。与叶片一样，根部的酶活性在各个生育期亦为蓝光和绿光下的较低，红光和复合光下的略高。果崇真等研究结果显示，蓝红光对人参叶片中的过氧化物酶活性具有促进作用，并且这种调节作用是直接的。另外，孙非等研究表明，单光质膜下生长的人参叶和根的人参硝酸还原酶活性以蓝光膜下最高，红光膜、绿光膜下的较低，在红光膜或红绿组合光膜中增加蓝光成分可提高人参硝酸还原酶活性。因此，在人参栽培中，增加蓝光成分有利于氮代谢。

另外，光质对人参中有效成分也有影响，叶片总糖和淀粉含量在整个生长期呈 V 形变化。总糖含量的低谷为红果期，淀粉含量的低谷为绿果期，成熟期总糖和淀粉的含量最高。且在整个生长季节里，单质红光和红光、蓝光、绿光的复合光，红光、蓝光复合光和白光的总糖和淀粉含量均高于单质绿光和蓝光下的。若以展叶期淀粉含量为基数，那么成熟期，红光、蓝光、绿光的复合光和单质红光下增加的最多，分别为 23.8% 和 29.8%。并且单光质膜下生长的人参叶和根的蛋白质含量以蓝光膜下最高，红光膜、绿光膜下的较低，在红光膜或红绿组合光膜中增加蓝光成分可提高人参中蛋白质的含量。王铁生等研究指出，PVC 膜中紫色膜和黄色膜人参皂苷含量比白色膜高，深蓝色膜比白色膜低。而孟继武等应用高效膜改变光质的研究结果显示，由于高光效膜改善了光质，促进了人参活性成分的积累，提高了人参中药用成分的含量。参根皂苷含量试验区为 3.83%，对照区为 3.1%；参茎叶皂苷含量试验区为 10.52%，对照区为 7.76%。

3. 温度对人参光合特性的影响

光合作用的暗反应是由酶催化的化学反应，而温度会影响其化学反应的速率。因此，温度是影响人参光合作用的重要因素。徐克章等研究表明，人参叶片光合作用的适宜温度为 15~28℃。展叶后 30 天以内的叶片，不仅光合作用较强，对温度的响应也敏感。在低温（5~15℃）和适温（15~28℃）条件下，光合作用的温度系数为 3~4；衰老的叶片，光合作用对温度的响应能力均呈下降变化，低温（5~15℃）和适温（15~28℃）条件下光合作用的温度系数为 1.5~2。人参叶片在 5~30℃ 范围内光合作用的变化不大。人参叶片的光合效率最大值在 15~25℃ 条件下测得，低温（5~15℃）对叶片光合效率的抑制作用不大，但在高温（30~40℃）条件下叶片光合效率明显下降。这为人参栽培中对于温度的调节提供了依据。

4. CO_2 对人参光合特性的影响

CO_2 是人参进行光合作用的原料，其供应状况直接影响人参光和速率的高低。张治安研究表明，CO_2 在 36.6~500μmol·mol^{-1} 范围内，随 CO_2 增加光合速率快速提高，羧化效率迅速下降；当 CO_2 超过 500μmol·mol^{-1} 时，随 CO_2 的增加光合速率缓慢提高，羧化效率缓慢下降。增加 CO_2 量可显著提高叶片的光合速率，但同时受光照、温度和氧浓度等因素的影响，低温和弱光均可成为光合作用的限制因子。当 CO_2 量较低时，氧对光合作用的影响较大，在高 CO_2 条件下氧的影响减小。同时，叶片的生理状况也是一个重要因素，健全的功能叶片对 CO_2 变化响应敏感，衰老的叶片对 CO_2 变化响应不敏感。因此，生产上应在适合温度和光照条件下，选择健全的功能叶片来增施 CO_2。

5. 水分对人参光合特性的影响

水是光合作用的原料之一，缺水光合作用也会下降。王铁生等研究表明，全生育期土壤相对含水量为 80% 时，人参光合速率最高，有利于干物质积累，全生育期土壤相对含水量为 40%，或者生育中期或后期土壤相对含水量高于 80% 以上、低于 60% 以下，都使人参光合速率降低。冯春生测定 4 种水分处理的盆栽 4 年生人参的光合速率表明，在整个生育期内，土壤相对湿度为 60%~80% 时，人参长势较好，光合速率高。相对湿度大于 80% 或小于 40% 时，光合速率较低。土壤的含水量不足会使人参烧须；含水量过高，土壤板结，根呼吸窒息会发生烂根。因此，在人参生育期间，加强水分管理是生产中的重要措施。此外，有研究表明，人参对高光照的潜在适应性高于对高温及缺水的适应性，后二者限制了人参对高光能的利用潜力。气温和光强对人参光合作用有明显的交互作用。

6. 调控源—库关系对人参光合特性的影响

植物体内源和库是相互协调的供需关系，库和源的强弱、光合产物从叶片中输出的快慢影响叶片的光合速率。实验中通常采用摘除叶片或花蕾的方法来调控源、库关系。陈展宇研究了展叶期人参去除叶片对存留叶片光合作用日变化的影响，结果表明，去除部分叶片后，存留叶片光合速率明显增加，平均提高 8.1%，但上午和下午增加幅度不同；叶比重下降，气孔导度、蒸腾速率有不同程度的增加，胞间 CO_2 浓度变化较小。开花期去除部分人参叶片后，存留的叶片光合速率显著增加；去除人参花蕾后，叶片光合速率显著下降。这些为人参光合作用变化规律的研究提供了理论依据。

7. 光斑对人参光合特性的影响

光斑是指通过树冠枝叶空隙投射到地面的圆形光照面。人参属阴生植物，其利用光斑太阳辐射进行的光合作用占其光合作用总量的比例相当大。徐克章等发现，未经 40 分钟间断光斑（光斑持续时间为 30s，间断时间为 2 分钟）诱导的人参叶片碳同化和光合效率在间断光斑下呈持续增加，并达到稳定光合的状态。当光斑持续时间由 5s 增加到 320s 时，强光下生长叶片的净 CO_2 同化由 32.6μmol CO_2·m^{-2} 增加到 1 473.3μmol CO^2·m^{-2}，弱光下生长叶片的净 CO_2 同化由 29.5μmol CO_2·m^{-2} 增加至 1 065.0 μmol CO_2·m^{-2}，说明叶片光合碳同化随光斑持续时间的增加而增加，但光合效率却下降。光斑持续时间越短，光量子密度越大，光合效率越高。弱光下生长的人参叶片在光斑期间的光合效率大于强光下的叶片。可以得出，叶片在光斑时间的碳同化作用并不与受光量呈简单的函数关系。因此，进一步研究光斑活动规律和叶片对光斑瞬变光合响应特性，对了解人参光合生产能力是有益的。尤其近些年来，随着林下参栽培的兴起，光斑对人参光合作用的影响受到越来越多学者的关注。

二、问题及展望

人参90%以上的干物质都来源于光合作用，如何提高人参光合作用，制造更多的光合产物是提高人参品质和产量的重要途径。但是目前大部分参农对光合作用在人参增产栽培中的重要作用并没有足够的重视，因此在栽培人参时并没有采取合理有效的措施提高人参的光合作用。例如，人参阴棚颜色、材质；棚内空气流通、温度；土壤中水分的含量等条件并不适合人参光合作用的进行。因此，推广普及人参光合作用的相关知识，建立科学有效的田间管理体系是解决此问题的关键。

在人参栽培的生产实践中，涉及人参光合作用问题时人们往往只强调光强的作用，忽略了其他因素，而影响人参光合作用的因素是交叉互作的，不能单一的只强调某种因素的作用，这就要求通过学科交叉与融合，结合生理生态因子、光合特性间关系的研究找出适宜人参生长因素的组合。

提高人参光合作用水平不仅要进行宏观调控，也要进行微观调控，例如深入到分子、细胞水平进行调控，利用分子生物学的手段提高光合作用中某些酶活力或者改善光合色素的功能都可以在一定程度上提高人参光合作用的能力。

第六节　人参吸肥规律

人参为多年生草本植物，人参在生长发育过程中容易出现养分失衡、病害及人参品质变差等问题，这些都是因为人参对土壤养分消耗比较大的原因引起的。人参土壤的变化被大量研究过，而不同年生不同茎叶数人参中大量元素动态变化的研究却没有被报道过。鉴于此，本文选择不同生育期的多茎参为原料，进行大量元素氮、磷、钾的含量变化的研究，以明确人参中大量元素的指标，从而得出不同年生不同茎叶数人参大量元素的动态变化规律。

一、人参中氮、磷、钾元素的研究进展

不同的营养元素对不同的有效成分的影响是根据作物的不同而异的。植物在生长过程中需要大量的大量元素。而氮、磷、钾就是植物生长和成熟过程中需要最多也是必不可少的 3 种营养元素。其中氮是植物生长所必需的营养成分，是每个活细胞的组成部分。人参在吸收氮元素的过程中，60%被根部吸收，40%被茎叶吸收。氮可以直接或间接地影响人参的生长发育和代谢活动。在氮元素充足的情况下，植物可以合成较多的蛋白质，促进细胞的分裂和增长；而人参在缺氮的情况下会导致植株叶子黄化，茎细而矮小。陈文勇就人参氮代谢及其与碳代谢的关系做了研究，研究表明，导致人参出芽延缓、茎矮小以及叶面积减小，最终导致产量下降的原因是氮元素含量过多。钾元素是人参生长发育的主要营养元素，它可以促进光合作用，可以提高人参的抗逆性；钾元素主要以离子形态存在，人参对钾元素的吸收利用情况如下，人参在缺钾的情况下叶片皱缩且叶尖叶缘变成黄褐色。人参需要钾元素除了促进参根、茎、叶的生长和抗病、抗倒伏外，还能促进人参中淀粉和糖的积累。磷对植物的营养有着重要的作用，植物体内几乎许多重要的有机化合物都含有磷；在人参的生长发育过程中，缺磷导致人参生长缓慢，且叶片呈暗绿色。人参在刚开始开花期间及花蕾间，应在叶子展开至开花前及时喷施磷肥以促进人参根的形成和长大，对人参生殖器官的生长发育和营养物质的损耗起到抑制的作用，对于提高参根的产量和质量均有显著的作用。

氮、磷、钾又分全氮磷钾、速效氮磷钾和碱解氮磷钾。而全氮和碱解氮的转化对土壤的 pH 高低有直接的影响，从而使磷的有效性也得到了影响。谢忠凯对长白山区人参地做了连作障碍的研究，在人参地土壤磷富集的分析中指出，土壤中的全磷和速效磷在植物

根际具有富集和积累的现象，因此含量是逐年增加的。由于土壤中的有机态钾很容易被分解转化，而无机态中的有效钾能够及时地补充，所以钾的变化规律不明显。曹志强在参地土壤改良及永续栽参中指出，氮元素含量相对增高，而磷和钾的含量相对下降。

二、人参微量元素的研究进展

微量元素又被称为痕量元素，人体中有铁、铜、锌、锰、钴、铬、硒、碘、镍、氟、铝、钒、锡、硅等50余种微量元素，它们共占人体总重量的0.05%左右。微量元素在人体内的浓度非常低，且有着不同的生物活性功能。在人体的生长发育、营养、代谢、内分泌、免疫等作用上有着极为重要的作用的是铁、锌、铜、锰、铬、钼、钴、硒、镍、钒、锡、氟、碘、硅等这些必需的微量元素，是体内重要物质（蛋白质、酶、核酸、激素等）不可缺少的组成部分。

随着生物无机化学的迅速发展，发现人类的健康与微量元素有着密切的关系。中药中的微量元素已被更多的人所关注，也在医学研究上成了一个崭新的课题。中药微量元素在科学用药、疗效分析、探明机制等方面有充分的科学依据。大量元素对药用植物影响被多数学者研究过，却忽视了微量元素对药用植物的作用。近几年，微量元素对药用植物的研究被重视起来，一些研究表明有机成分和无机成分的协同作用对药用植物的生理生化指标及其功效有一定的作用。

在植物的生长发育过程中，微量元素也有着非比寻常的作用，它直接影响根系分泌物组成、土壤理化性状、根际微生物类群的变化，其含量变化与疾病的防治有着直接和密切的关系。人参中的微量元素有44种无机元素，而植物中只含有人体14种微量元素中的13种。铁、锰、铜、锌是机体所必需的营养元素，它们是酶和其他活性蛋白质的原料，缺乏其中的任何一种都会引起生理异常现象。锌是构成蛋白质分子的必需元素，影响细胞分裂、生长和再生，对儿童有着非常重要的营养功能；在植物的光合作用、呼吸作用、新陈代谢等方面锌还发挥重要作用，缺锌能直接引发植物的生理性病害，还影响烯醇化酶、黄素激酶、草酰乙酸氧化酶等的活性。钙和镁都是人体必需的元素。钙以离子的形态存在于骨骼中。血浆、体液和细胞内共同存在着钙离子和镁离子；镁对心肌线粒体氧化酸具有兴奋的作用，对心肌细胞中 ATP 酸具有激活的作用。铜是催化氧化还原体系的，对结缔组织有着重要作用，起到保持的作用，而且铜还能够促进镁的吸收和利用，缺铜时对胃黏膜有一定的损伤作用，铜过量时又容易诱发胃癌。锰在多种新陈代谢活动中起到活化剂的作用，可以激活体内多种酶类，参与激素、维生素等三大营养素和骨骼的代谢，促进骨骼的钙化过程和中枢神经等活动，与肌体衰老和疾病发生密切相关；缺锰会使植物新陈代谢失调从而影响植物生长发育状态；人体最丰富的微量元素之一是铁，是人体血液中交换和输送氧所必需的，铁对多种酶反应起到辅助或活化剂的作用，在催化吸收链上传递电子。植物在进行光合作用时，缺铁会引起生理性病害。某种化学元素在生物体内是"必需""有益"还是"有害"的，会显著地影响植物的生长。法国科学家 G. Berrtnad 在研究了锰对植物生长的影响后提出了一个最适营养定律：即植物缺少某种必需的元素时都不能成活，当该元素适量时就能茁壮成长，但若过量时又转为有害。该定律不仅适用于植物，也适用于一切生物。

大量研究表明，不同产地、不同部位及不同年生的人参，其微量元素的含量变化不同。1~5 年生的人参和西洋参的根、叶、茎中的微量元素有 15 种以上，但各个元素的含量差异比较大；不同部位元素的含量差别比较大是由于植物的各器官功能不同，因而吸收和储存就不同。叶子是生物合成最活跃的部位，所以叶中含有丰富的无机元素，如铁、锰、硼、锌等。铁、锰、铜、锌这四种微量元素是酶的辅助因子，在植物代谢过程中起着重要作用；茎担负着支撑物体的功能，所以茎、叶中的钙、镁含量明显高于根。无机元素的含量与参龄的关系比较复杂，总的趋势是茎中无机元素总量随着参龄的增加而趋于下降。目前在不同生育期中微量元素对人参生长发育规律尚不完全清楚，因此对3年生和4年生两种人参从不同茎叶数方面考虑来测定微量元素的含量变化，从而为人参中的微量元素的防治提供理论依据。

大量的研究表明，不同的药用植物对氮、磷、钾的需求量不一致。赵峥等研究了氮、磷、钾对灯盏花生长发育影响的变化规律。王文杰等发现可以提高贝母鳞茎中生物碱含量的是氮、磷元素，而降低其含量的是钾元素。陈震等对浙贝母需肥量的变化做了研究，研究表明浙贝母在生长发育过程中，对氮肥、钾肥、磷肥的需要量依次是：氮肥＞钾肥＞磷肥。李娟等对水稻根系氮、磷、钾吸收做了研究，邹娟等研究了油菜氮、磷、钾的吸收情况，蒋工颖等对大豆氮、磷、钾吸收做了研究，郑志明等研究了水稻氮的吸收情况，王克如等研究了棉田中氮、磷、钾的吸收情况。续勇波等对萝卜氮、磷、钾的吸收做了研究，其研究结果均表明在整体生育期中期营养养分的吸收动态呈现"S"形特征，在生育后期，供试作物体内所保持的养分数量开始出现明显的下降趋势。大量元素氮、磷、钾含量及配比对人参的生长发育至关重要。已有很多学者做过研究，如李志洪等就人参施氮、磷、钾无机肥对干物质积累做的实验，其试验结果表明，4~6年的人参施肥后参根增重率分别为5.1%、37.4%和41.1%，施肥对参根中的氮含量分别提高了19.8%、15.1%和8.7%。Park的研究结果是，随着土壤中氮肥量的增加，人参茎、叶中皂苷含量增加，而根中皂苷含量减少；施肥之后，人参总皂苷含量由原来的4.82%提高到了5.53%。刘铁成等把完全腐熟的肥料施入有机质含量较低的农田土中，对西洋参生长的农田土壤进行改良。结果西洋参的生长发育良好，其平均根重比改土前根重提高36.51%，提高幅度较明显。孟祥颖等研究了氮、磷、钾配合施用对人参质量的影响，其结果是如果将氮、磷、钾肥配合施用后，其人参参根的重量可增加到56.2%，人参皂苷含量增加到 42.83%；赵英等研究了施肥对人参产量性状的影响，发现磷、钾施肥和微量元素的配合施用比单施磷、钾肥对人参单支重增产显著。综上所述，在研究人参药材时，我们要合理的施用无机肥，这样就会提高人参的产量和品质。影响人参株高与茎粗增长的原因是没有合理的施用氮肥或者单施磷肥，氮、磷比例的失调。刘翔做了追施无机氮对人参产量和品质的研究，发现人参土壤中大量元素氮、磷、钾的含量及配比能够直接影响人参的产量和质量。孟祥颖等做了氮、磷、钾配合施用对人参质量影响的研究，发现氮、磷、钾合理配合施用后，不仅能增加人参参根重量，还能提高其皂苷的含量。

人参中微量元素最富集且敏感的部位是果肉和叶。张甲生等对人参各部位中 14 种微量元素做了研究，发现地上部位加和量均值接近地下部位，其中 7 种人体必需微量元素加和量均值铁、铜、锌、锰、钴、铝、镍的地上部分反高于地下部分。李晶晶分析研究了人参中 30 种无机元素，其研究结果显示，人参中钾元素含量最高，其他元素依次为磷、钙、镁、钠、铁。李向高等分析研究了人参和西洋参根中的微量元素，研究结果表明二者均含有 18 种以上的元素。

第七节　人参皂苷含量

人参（*Panaxginseng C. A*）是五加科植物人参属，它是我国传统名贵的中药材，我国是世界上最早发现和利用人参价值的。在《本草纲目》中，李时珍等首次对人参进行了比较详细的论述，认为人参是一种包治百病的神药，可以去除男女一切虚症，用于劳伤虚损、脾虚食少、久病不复、津伤口渴、内热消渴、惊悸失眠、心力衰竭、心源性休克等的治疗。在中医理论上人参其味甘、微苦，微温，归脾、肺、心、肾经，其具有大补元气、补脾益肺、生津养血、安神益智等多种药理作用，可以防止多种疾病，在现代医学上讲是天然的补益药，素称"百草之王"，在中医临床上的应用距今已有两千多年的历史。在药理作用上，具有抗衰老、抗辐射、抗疲劳、抑制肿瘤等多种药理作用。随着人民生活水平的提高、自我保健意识的增强以及学者们对人参医药保健功效的深入研究，人们愈加认识到人参及其产品的价值，以人参及其产品作为滋补品的人越来越多。同时，人参的应用范围越来越广泛，还进入了食品、美容、保健等多个领域。

人参中含有皂苷类、挥发油类、多糖类、氨基酸和多肽类等多种类型的化学成分。其中最主要的活性成分是人参皂苷，而人参中的大量元素和微量元素也占据着非常重要的地位。随着人参在市场上需求量的越来越大，这就要我们研究如何提高人参的产量来满足市场的需求。目前，市场上的人参大多是以园参为主的，园参的规模化生产在我国历史悠久，而且栽培面积大，产量高，从而缓解了人们在市场上的需求压力。但是由于人参生长的特殊习性，对气候、土壤、水分、光照等条件都具有较高的要求，园参在栽培过程中会出现一些问题，比如病害重、产量低、质量差等问题，这些都是阻碍人参产业发展的瓶颈问题。中国是世界上生产人参的大国，占全世界栽培面积和产量的 50% 以上。人参作为吉林省的特色产业，在国内外中药行业中占据着重要的地位，是吉林省的一个新的经济增长点，它推动着我国人参产业的国际化进程。作为人参生产和开发的东道主，如何提高人参产量和质量，达到增产的目的是人参栽培中的一大问题。

一、人参皂苷的研究进展

人参中最主要的活性成分是人参皂苷，这类化合物由于具有较大的表面性，在水中震荡或者加热能够产生胶状溶液和泡沫，因而才命名为皂苷。人参皂苷属于四环三萜类化合物，而目前根据皂苷元结构的不同可将其分为 3 种：第一种是原人参二醇型（Proto Panaxadiol，简称 PPD），其主要的皂苷有 Rb_1、Rb_2、Rc、Rd、

Rh$_2$ 等；第二种是原人参三醇型（Proto Panaxatriol，简称 PPT），其主要皂苷有 Re、Rf、Rg$_1$、Rg$_2$、Rh$_1$ 等；第三种是齐墩果酸型，其主要皂苷有人 Ro、Rh$_3$、Ri、F4 等。人参中人参皂苷的某些成分存在于人参的各个部位，如人参的参根中，人参的叶、花、地上茎、种子和果实之中。根据报道显示，人参皂苷主要是由叶片进行光合作用从而生产光合产物，由光合产物进行转变而成的，首先是在叶中合成皂苷然后向其根部运输，因此人参叶中的皂苷含量要比参根中的皂苷含量高，但是叶子中的其他一些重金属等含量也很高，所以一般是参根来入药的。而人参皂苷的合成和运输途径又受其自身生长发育规律的影响，生长发育期是随着各种各样的环境条件的变化而变化。近年来有许多的研究表明，人参参根中的皂苷含量在不同的生长时期、不同的光照和不同的土壤条件等均有比较大变化。如程海涛等做了人参不同生育期土壤养分及重金属含量动态变化研究。Soldati F 的研究是人参中人参皂苷的含量变化是随着其生长年限的增加而升高；邢艳东对人参生长发育规律及皂苷积累环境条件做了研究，发现从展叶期到枯萎期，3 年生人参皂苷含量增加 0.26%，4 年生人参增加 0.24%，5 年生人参增加 0.21%，6 年生人参增加 0.22%，从而表明 4 年、5 年、6 年生人参皂苷含量随着年生的增长而增加幅度小；3 年生人参的皂苷含量随着年生增加而增加幅度大。

人参总皂苷的含量受品种、药用部位、加工方法、栽培年限和产地的变化而变化。例如，高丽参栽培过程中，4 年生中的总皂苷含量大约为 4%，2 年生中总皂苷含量大约为 2%，野生人参（10~40 年）皂苷含量的积累增加比较快，4~6 年较慢，6 年以上者增加更慢。日本学者曾对日本当地的白参做过研究，其研究结果发现白参人参皂苷含量最高的是 4 年生，而 4 年以上皂苷含量开始下降。不同部位间人参皂苷含量也是不同的，人参主根中的总皂苷含量为 2%~7%，须根中的总皂苷含量为 8.5%~11.5%，人参叶中总皂苷含量为 7.6%~12.6%，花蕾中总皂苷含量约为15%，人参幼根中总皂苷含量约为3%，种子中总皂苷含量约为0.7%。

不同的单体皂苷其药理作用不同。如人参皂苷 Rb_1 和 Rg_1 都具有提高记忆力、抗衰老的作用。胡松华等对人参单体皂苷 Rb_1 做了免疫佐剂作用的研究，结构表明人参皂苷 Rb_1 具有免疫的功能；人参皂苷 Rbl 提高神经因子表达，起到保护和营养神经元的作用，促进其神经元突触再生，提高肝胆能神经元的抗损伤能力。Rb_1 通过增加 Bel-2 蛋白，降低 Bax 蛋白，可减小大鼠暂时性脑缺血梗死面积和调节神经功能缺失症状，具有明显的抗脑缺血损伤作用。Rb_1 还可明显改善小鼠性功能，其作用机制可能通过增强雄激素水平、激活 NO/cGMP 通路而发挥作用。人参皂苷 Rc 的药理作用是可以抑制中枢神经作用，促进血清蛋白质合成，使分解蛋白质酵素活性化，对副肾皮质荷尔蒙分泌有促进刺激的作用；人参皂苷 Rd 有促进副肾皮质荷尔蒙分泌和改善小肠蠕动亢进以及抗衰老的药理作用。人参皂苷 Re 有促进血清蛋白质的合成、促进蛋白质分解酵素活性化、增强精子活力等药理作用。人参皂苷 Rg_1 对多种化学物质引起的记忆障碍都有明显改善作用，同时能增加突触可塑性，具有抗衰老和防治老年痴呆的作用。人参皂苷 Rh 主要的药理作用就是抗癌作用，大量实验表明，Rh 在一定剂量的情况下会抑制癌细胞 DNA、RNA 的合成，对机体的改善具有调节功能，可以增加动物的免疫功能。人参皂苷 Rf 具有减弱 P 物质诱导的疼痛，以及与脑神经细胞有关联的疼痛作用。人参皂苷 Rg_2 具有延长溶血发生的滞后时间，抑制血小板凝集的作用，Rg_2 还可以通过抑制肿瘤内血管生成及阻滞肿瘤细胞进入分裂期发挥抑制 B16 黑色素瘤生长的作用。人参皂苷 Rb_2 可中等程度抑制中枢神经系统，抑制脑电觉醒反应，Rb_2 对循环系统有一定的作用，还能够减少乙酰胆碱引起的豚鼠离体子宫的收缩，但浓度高反而引起子宫收缩。在大鼠实验的研究结果表明，人参皂苷 Rb_2 对大鼠有减慢心率和先微升后下降的双相性血压作用和舒张大血管的作用，可明显增加大鼠骨髓细胞 DNA、蛋白质的合成，促进血清蛋白质合成。人参皂苷 Rb_3 具有改善神经功能缺损、缩小脑梗死面积、缓解脑水肿等作用，还可以通过抗氧化损伤从而起到保护脑缺血性损伤的作用。

二、影响人参中人参皂苷含量的因素

（一）光照对人参产量和皂苷含量的影响

光照是绿色植物光合作用所需的能源，是影响植物形态和功能的重要因子，对其生长、发育和演化都有着极其重要的作用。它是太阳辐射到地球表面的辐射能，生态系统中各种动物和微生物主要是靠光合作用的产物来提供食物来源，而人类在生产和生活中最基本的食物来源也是靠整个生态系统的产品来提供的。人参是典型的阴生作物，是光合速率较低的 C3 作物，怕被强光直射，所以人工栽培时必须采取遮阴措施。前人做过报道，说人参植株在不同的光下生长不一样，在蓝紫光下生长受阻，红绿光下徒长，黄白光下正常生长。韩国 Park 报道了光照条件对人参叶片中皂苷含量的变化，研究结果表明，人参在遮阴棚透光率为 15% 的条件下生长其人参总皂苷含量最高，而在遮阴棚透光率 15% 以上生长的人参其人参皂苷含量略低。在单体皂苷方面，光照条件也有一定的影响，5% 光照条件下生长的人参其叶子中没有单体皂苷 Rb_3；30% 的光照条件下生长的人参其叶子中的 Rh_1 的峰值比较高；随着光照强度由 5% 增加到 15% 时，人参叶片中的单体皂苷 Rg_2 和 Rg_1 在减少，Re 和 Rd 的峰值在增加。张治安等研究了不同光强对参根皂苷含量和参根干重的影响，发现人参在 5%、20% 和 50% 3 种透光棚下，随光照强度增加而增加的是人参的参根重，50% 透光棚下参根重量开始下降，而 5% 透光棚下的人参根皂苷含量最低，20% 透光棚下人参根皂苷含量最高。在 5% 和 20% 透光棚下，人参皂苷含量随着淀粉含量的增加而增加，在 35% 和 50% 透光棚下，人参皂苷含量随淀粉含量的增加而下降。

（二）产地对人参产量和皂苷含量的影响

由于不同地方生态条件和栽培技术等的不同，从而导致人参皂苷的含量变化相差很大。李向高对集安和抚松的红参、韩国和朝鲜的高丽参、日本的红参做了皂苷含量的比较，发现总皂苷含量由高到低依次是：集安的边条红参 3.71%，韩国高丽参 3.42%，日本的红参 3.03%，抚松的红参 3% 和韩国的高丽红参 2.76%，朝鲜的红参 2.41%。无论是鲜参、生晒参还是红参，都是由于不同产地之间的温度、水分、光照、土壤等生态条件的不同，栽培技术也不相同，从而使得产地之间的结果有差异。

（三）采收期对人参皂苷含量的影响

人参在一年中的不同生长发育阶段其皂苷含量有很大的变化。因此，人参的采收期对人参皂苷含量有一定的影响。刘惠卿对北京地区的人参萌芽期、花果期、果熟期和枯萎前期这 4 个时期做了皂苷含量的测定，发现人参在果熟期的总皂苷含量最高，其提高幅度达到 70.8%。相关的研究日本和韩国也做过，其研究结果基本相似。

（四）土壤条件对人参皂苷含量的影响

土壤是大多数植物赖以生存的基础，也是外界进行物质交换的重要场所。它对植物的矿质营养、水分以及空气的供给有着直接的影响，所以与植物的生长有着密切的关系。栽培人参的土壤要不断满足人参所需要的水分、养分和空气，并且不存在有危害人参的病原菌，因此人参的生长发育和皂苷的含量跟土壤条件有着很大的关系。人参最适于生长在腐殖质含量高、疏松、通气透水性能好、pH 值在 5.5~7 的微酸性和中性壤土或沙质壤土中。于德荣对延吉和左家参场中的人参做了皂苷含量的测定，其测定结果表明农田土壤中栽培的人参总皂苷含量高于腐殖土人参的总皂苷含量。Proctor 等研究了栽参土壤对西洋参的生长发育和皂苷含量的影响，发现栽参土壤对皂苷含量的影响非常大。郝绍卿等对老参地运用绿肥轮作等方式加以改良做了研究，其结果表明改良之后的老参地所产人参其皂苷含量比新林土（即伐林后的林下腐殖土）高 0.3%。吴培详等对暗棕壤和白浆土物理特性的研究显示，栽参期内黏粒分异不太明显，上下土层质地均一，暗棕壤均属粉沙壤土，适宜人参生长。白浆土也属于粉沙壤土（多数为重壤土），可以满足人参生长，但与暗棕壤比其质地黏重得多。

第二章 农田种植人参实践

第一节 农田土壤改良和休闲

农田地土壤改良是农田种植人参的关键技术。农田地与新林地相比，土壤有机质含量低，土壤容重较大，土壤空隙度小，不利于人参生长；土壤养分缺乏，土壤 pH 较高；土壤中真菌的数量较多，特别是土壤物理性状对人参生长的影响非常大。因此，用农田土栽参必须进行施肥改土，农田土可通过种植绿肥和增施肥料休闲管理，提高土壤有机质，降低容重，增加总孔度，改善土壤物理性状。

土壤有机质是土壤肥力的物质基础之一，对土壤肥力起着多方面的作用。国内外大量研究表明，长期施用有机肥均能提高土壤有机质含量。施用有机肥可使土壤微生物体碳大量增加，施用有机肥有利于土壤有机质的积累，有机肥料不仅是土壤有机质的主要来源，也是作物养分的直接供应者。施入土壤的有机肥补充土壤有机质，有利于有机质的积累，而且能促进土壤原有有机质的矿化与更新。土壤有机质积累量的大小与有机肥的种类、施入量、土壤肥力、气候条件、土壤质地等有关。土壤有机质的积累随施入有机肥量的增加而增加。

大量施用有机肥是我国传统的保持地力的重要措施之一。在大田作物上有很多试验表明，种植绿肥、秸秆直接还田和增施有机肥料是提高土壤肥力的有效措施。开发农田栽参，存在盐类聚集而造成的土壤有害化学物质残留过高和土壤板结等不利因素。农田土壤几十年的大量施用化肥、农药等化学物质，使土壤的理化性状变差，尤其是除草剂的残留物对人参的毒副作用很大。多年来人们在玉米耕作中普遍重复使用的除草剂，半衰期为1~2年，对轮作人参将会产生较大的不良影响。降解农田土壤中有害化学物质残留量，如果再使用化学制剂，将会加剧土壤活性降低和结构的破坏，从而处于恶性循环。使用有机肥和生物制剂，可促进土壤生物群落的活性，分解土壤中残留物质，达到降解有害物质、加速自然碳循环的目的。微生物在生长繁殖时分泌酶和多糖类物质，从而使土壤疏松并肥沃。

有机物料辅以生物制剂，既能改善土壤结构、防止返盐，补充土壤养分及促进难溶性养分转化，提高土壤有效养分含量，还可以改变土壤微生物相，使土壤的细菌密度增大、真菌密度减少、微生物活性降低。在土壤改良上，有机物料辅以生物制剂从构成土壤三要素（物理、化学、生物学性状）方面加以改善。

农田种植人参技术大体上包括：选地、整地、作畦、施肥、种子培育处理、播种育苗、遮阴调光、田间管理以及病虫害防治等。

一、选 地

最好选择前茬作物是玉米、小麦等禾本科作物的地块作为参地，前茬作物是蔬菜、甜瓜、花生、西瓜的地块不宜栽培人参和西洋参（图2-1）。

选择有机质含量较高、疏松、肥沃的土质，具有较厚的土层，底土为黄泥土，且保水、保肥性能好的壤土或沙壤土为宜。土壤酸碱度为微酸性至中性（pH值5~7）。

以地势平坦或者坡度低于15°的缓坡为宜，应选择临近水源、背风向阳、排灌及交通方便的地块。地下水位高、地势低洼易涝、土壤黏重、干旱的地块不宜选择。另外，对于前茬用过除草剂的地块，要慎重使用，使用前要进行降解处理（图2-2）。

图 2-1　前茬作物为玉米的地块

图 2-2　适宜种参地块

二、休闲养地

选好地块以后，要对地块进行1年以上的休闲养地。在初春种植苏子、玉米等绿肥作物，于同年7月初对作物进行割倒晾晒2~3天，之后实施第一次耕翻，耕翻深度为20~25cm。以后每间隔10~15天耕翻1次，这样到10月前共要耕翻6~8次。在进行第二次耕翻的时候，大量施入猪粪、羊粪、鹿粪等有机肥，施肥量为45 000~75 000kg/hm²。同时，施入生石灰450~600kg/hm²以降低农田土的酸度。经过休闲养地，土壤肥力可以得到明显的提高，土壤有机质含量也会得到明显的增加，土壤理化性得到改良，虫卵、蛹及病原菌需要通过日光及夏季高温等方式来杀灭（图2-3）。

①前茬作物（玉米、大豆）；②施有机肥；③施肥机

图2-3

三、施底肥与土壤消毒

1. 施底肥

在作床时需要施加1.5~2kg/m²腐熟的有机肥，可以有效改善土壤结构和土壤中微生物的组成，抑制有害病菌，促进参根的生长。

2. 土壤消毒

在做床的同时，或者最后一次耕翻的同时进行土壤消毒，喷洒 $0.5 \sim 1 \mathrm{g/m^2}$ "绿亨一号" 或 "恶毒灵"，喷洒在土层表面后，将喷洒过消毒剂的土壤搅拌均匀即可。杀虫剂选用辛硫磷颗粒剂，每帘拌入 $12 \sim 15 \mathrm{g/m^2}$。

如果选用土壤在种植前茬作物的过程中使用过除草剂，则需要在土壤休息期间，在对土壤进行翻耕处理时，施加降残剂 "沃土安" 来降解农药残留，每亩施用 $750 \mathrm{g}$ 除草剂，兑 $500 \sim 1\,000$ 倍水，喷施后耕翻土壤，搅拌均匀。

第二节 参地作畦

一、作畦时间、方向和畦面规格

1. 作畦的时间

如果春季播催芽籽或移栽，应在播种或移栽前 $7 \sim 10$ 天作畦；如果秋季播种裂口籽或移栽，要边作畦边播种或移栽。

2. 畦床的方向

要根据人参对光照的要求，结合地形、地势等情况确定。平地或岗地参床多采用南北或稍南偏东走向，早晨的阳光从东、东北方向射入床内，俗称"露水阳"。定向总的要求是：利用早晚阳，躲开中午阳，不用正南阳。一般以上午阳光从参床内退出的时间为标准，多数参区采用9—10时为退阳标准时间。山区的岗地参床多是正南正北走向，平地参床一般是稍南偏东为好，山地的南北两坡，可顺山做床，参床南北走向。东坡和西坡山地，如果坡度不大，雨水能顺利排出，可横山或斜山做床；坡度很陡的山地，一定要斜山或顺山做床，以利排水。由于山区、半山区和平原地区自然条件的不同，参床南偏东的角度要逐渐加大，一般采用南偏东 $5° \sim 30°$，要因地制宜。

3. 参畦的规格

应根据地势的具体情况确定适宜参畦的高度。平地或缓坡地畦高为 25～35cm，岗地、坡地畦高为 25～30cm，低畦、甸子地为 35cm。畦宽 130～160cm，作业道 120～135cm。育苗地，畦高 25cm，畦宽 120～150cm，作业道 100～120cm。

二、作畦的方法

按确定的参床方向和床的规格要求划分小区。一个参床和一个作业道的占地面积称为一个小区。划分小区就是按确定的参床方向和确定的参床规格，将参床宽度加作业道宽为小区宽度，把整个场地的参床位置固定下来以便作床。这一作业俗称挂串。划分小区一般要用罗盘或经纬仪在地块的一侧架好仪器，调节罗盘上的度数，使其与确定的参床走向要求的度数相一致，通过镜筒找准标杆位置，使之与罗盘仪十字线相重合。同时，在标杆点和罗盘仪重锤指点各插一个标桩，这两个标桩的两个点叫端点，将这两个端点用线连接，这条连接线就是基准线。参农把这一操作过程叫确定基准线。从基准线的两端，即从两个端点即南端线和北端线再用米尺沿两条端线的同一方向量出参床宽，插上标桩，再量出作业道的宽度，插上标桩。以此类推，在两条端线上插好标桩，这一过程参农称为挂端线。将南北或上下两条端线上相对应的标桩，用绳连接起来，就构成了与基准线平行的床线，两条床线间所夹的面积就是参床的位置，这一过程参农叫挂床线。由于种参技术的改进，调节光照已由参床方向为主变成了以参棚上的帘子稀密度调节为主了，因此对参床走向要求并不严格。参床走向主要以排水通畅为主，特别是山区，作床时多不使用罗盘仪，往往以沿参地的下端和上端作两条与拦水坝平行的两条线为上端线和下端线，然后在参地的一侧将上端点和下端点连接起来就成了基准线。有了基准线和床线就可按上述方法挂床线了。

做参床挂好床线后，两条床线间即为参床位置，将业道上的土提到床面上，收好边，将床帮拍实，但床帮不能过陡，倒匀土垄，耙平床面，使之成瓦背形，作成的参床一般宽120~150cm，高20~35cm。由于山区地形地势复杂，作床时常常出现局部地方作业道内排水不畅，此时应把床截断，使水从截断处排出，产区称腰沟。

参床高度要根据播种、栽植、山地和平地等条件不同而定。播种床，床土可厚一些；移栽床，床土可薄一些。低洼地势，参床要高些；地势高的，则低一些。一般参床高25cm左右（图2-4）。

①机械作畦；②畦床；③人工作畦

图2-4

第三节 人参种子的生物学特性与种子催芽

一、人参种子的生物学特性

1. 人参种子的寿命

人参种子在常规贮存条件下，贮存1年生活力降低10%左右，贮存2年生活力只有不到5%，贮存3年完全丧失生活力。种子寿命的长短与种子成熟度和贮存条件有着密切的关系，成熟饱满的种子比不饱满种子生活力强，阴干种子生活力高于晒干种子，伤热种子生活力降低。在高温、多湿条件下贮存种子，寿命偏短。

种子是大规模生产的重要条件，种子好坏直接影响幼苗生长和人参生产。所以，准确地识别人参种子质量的好坏，是确保人参生产正常进行的重要基础。一般新采收的种子，种壳白色，胚乳白色新鲜；储藏1年的种子，种壳显微黄色，近种胚一端的胚乳色黄，似油浸状；储藏2年的种子，种壳黄色，胚乳大部分呈油浸状，色黄。人参种子休眠期较长，通过常规发芽试验，检查种子活力大小难度较大。实践中多采用四唑染色技术——TTC法进行种子活力快速测定。

2. 人参种子的后熟过程

自然成熟的人参种子具有休眠特性，而且后熟期很长。吉林省抚松、靖宇、长白山等寒冷的人参主产区，每年8月上旬采种，采后立即播种，自然条件下大部分种子要在第三年春天（经过21~22个月）方能发芽出苗。人参种子的后熟过程，大体分为种胚形态后熟和生理后熟两个阶段。

（1）种胚形态后熟。种胚形态后熟又叫胚后熟。自然成熟的人参种子，其胚长仅为能发芽种子最小胚长的1/10。剥开能发芽种子的种壳和胚乳，发现其胚长都能达到或超过胚乳长2/3。胚根、胚芽、胚轴、子叶各部分形态明显可见，两子叶间可见具三小叶状的胚芽，胚芽基部还有一越冬芽原基。而自然成熟的种子纵切后观察，其胚长不及种子长度的1/10，切面约为胚乳的1/300，胚部只有子叶和胚根原基的分化，生长锥原基也很小，几乎看不清楚。

自然成熟的人参种子要完成形态后熟，需要在适宜温度、湿度下，经过3~4个月的时间。人参种胚后熟的适宜温度为15~20℃，低于15℃或超过25℃，种胚生长发育缓慢，处理时裂口率大幅度降低。低于10℃时停止发育，超过30℃则易烂种。

种胚形态后熟前期的温度以18~21℃为宜，需经30~40天。后期最适温度为15~18℃，需时2个月左右，积温970~980℃，低于15℃后熟时间延长。种胚形态后熟完成时，由于胚体积增大，迫使种皮开裂，称为"裂口"。此外，在种子采收后用20~100mg/L赤霉素溶液浸种24小时，可加速种胚形态后熟过程，70天左右，种胚即可完全通过形态后熟。

（2）种子生理后熟。人参种胚形态成熟后，仍需在0~10℃条件下，经60~70天才能完成生理后熟，实现正常萌动出苗人参种胚生理后熟的最适温度为0~5℃。由于各地低温期条件不一，人参种子生理后熟期的长短也不一样。一般种子冻结前温度低的地方生理后熟时间短，反之则长。在自然条件下，当自然低温不能满足人参种子生理后熟条件时，播于田间的种子翌年春季就不能出苗，这些种子要到第三年春季方能出苗。这时只有增加人为的低温处理，方能实现人参种子的正常出苗。

通过种胚形态后熟和生理后熟的人参种子，在适宜的温度、湿度和通气条件下，经过一定的时间，即可萌动发芽。

二、优质种子的采收保管方法

1. 人参种子标准

人参种子质量的好坏，与人参的出苗率以及人参根重质量有着直接关系。据报道，种子千粒重达到30g以上，一般3年苗根重在10g以上；采用10g以上苗根移植，6年起收做货时，可产1.5kg/m²以上，优质参率可占70%以上。因此，人参种子应选择充实饱满、种胚发育完全、无病种子作为播种材料。农业部根据种子的千粒重、生活力等指标将人参种子分为3个等级：一等种子千粒重31g以上，生活力不低于98%；二等种子千粒重26g以上，生活力不低于95%；三等种子千粒重23g以上，生活力不低于90%。

选种方法，可将新搓出的种子在水中浮出不饱满的瘪粒种子，放阴凉处晾干水气后，用适当孔眼的筛子将小粒种子筛出，经过筛选的种子一般可达千粒重28~30g，基本上可达农业部所规定二级以上的标准。测千粒重时，种子含水率一般应在14%左右。

2. 培育获取优质种子的方法

在高年生一、二级参苗且当年不做货的地块上留种试验表明，人参种子千粒重随参龄增加而增加，从 3 年生的 43g 增加到 6 年生的 49g（未经晾干的鲜种称重），6 年生以后千粒重不再增加，如普通参多在五年生、六年生收获，所以以四年生、五年生采种为宜，并注意病弱株和三等以下参苗不留种。试验表明，留种直接影响参根的产量和质量，既要留种，又要减少对参根生长的影响，各地经验认为在做货的前一年留种为好，所以普通参一般三、三制和二、四制，参区 5 年生留种；二、三制，参区 4 年生留种；边条参区收获年限较长，采种可延后。

疏花疏蕾，具体操作为当一个花序周边的花已开始开放时，用镊子将花序中央的小花蕾去除，根据用种量和采种面积大小，除去中间小蕾 1/3~1/2，使种子剩下的花果营养充足，成熟期一致，可大大提高种子千粒重。若时间掌握不好，蕾花期已过，也可疏果，但效果稍差，一般疏蕾花种子千粒重可比对照提高 15%~26%，而疏果可比对照提高 11%~17%。

留种田要加强田间管理，花果期不能缺水，适当调光，及时喷药，防病虫危害，开花前及绿果期喷洒 2%过磷酸钙或其他高效的叶面肥。

3. 人参种子采收及保存方法

人参种子一般从 8 月 1 日至 8 月 10 日，当果实完全由绿色变成鲜红色时，即为采收时期。当花序上的果实充分红熟时，用手将果实一次撸下来或从花梗 1/3 处剪断，剪断花梗的人参果实应随时脱粒；花序的果实未完全红熟的参子，暂时不采，待二次采摘；在采摘过程中的落地果，应随时拣起；采种时应将好果、病果及吊干子分开采收，病果、吊干果要单独存放，运至远离生产的销毁处销毁。将干净的人参果粒，装入包装，运回种子处理厂，进行搓籽。搓籽前清场，清场内容包括搓籽使用的工器具、搓籽机、场地卫生等。

用搓籽机搓籽操作如下：①将挑选好的人参果放入水池中，用清水漂洗 3 次，洗净泥土，漂洗过程中浮于水面上的果实捞出，单独处理；②清洗后的人参果装入容器运至搓籽机区；③搓籽机分离出来的人参种子用清水漂洗，将不成熟的人参种子漂洗出去，将混杂在人参种子中的果皮等漂除干净；④清洗干净的种子运至晾晒区，将种子摊开，阴干或弱光下晒干，严防伤热及阳光暴晒；⑤取 75% 食用酒精按照 1∶5 的比例对入人参果汁中，冷藏保存或直接销售；⑥搓籽工作完成后，对搓籽区内的工具、器具、机械进行全面清洗、消毒、晾晒，入库保存（图 2-5、图 2-6）。

①搓籽机分离人参种子；②清洗人参种子

图 2-5

图 2-6 晾晒人参种子

人参种子储藏分为干储和沙储。干储是把人参种子分等，分别装入透气的编织袋中储藏。如入库，可用吊袋或用木板格存放；储存库内温度一般无特别要求，随季节变化，最好控制在 5～15℃，相对湿度应控制在 12%～15%。储存库要求通气良好，定期进行灭虫杀菌。人参种子沙储是按种子储存量，将人参种子 1 份掺 3 份沙子，装入编织袋中，埋在背风、不积水的地块，翌年 4 月末至 5 月初起出。人参种子出库前应进行生活力测定，挑出坏子，贮存时间不准超过 1 年。

4. 人参种子的消毒

人参种子表面常常带有各种病原菌，致使人参种子催芽和播种后引起烂种及幼苗病害。因此，在催芽或播种前，对人参种子进行消毒处理十分必要。常用方法是：一是干种子用 1%福尔马林液浸种 15 分钟，捞出后晾至种子表面无水时，即可进行催芽或播种。二是用 1 000～2 000 倍多抗霉素拌种，效果也好。三是当年采收的水籽或干参籽浸泡后可用 1：10 的大蒜汁浸泡 10 分钟，或用 1%甲醛溶液浸泡 10 分钟，还可用 300 倍的代森锌溶液浸泡 10 分钟。但种子必须用清水洗 2～3 遍，洗至无药味，然后进行种子催芽或播种。

三、人参种子的催芽

人参种子催芽又称发籽。人参在不同产区，由于气候差异，育苗方法各有不同，气候温暖地区，如吉林省集安县种子 7 月成熟，采后立即播种，利用自然温度能够完成形态后熟和生理后熟，翌年能顺利出苗，种子不需处理，即可播种。气候较冷地区，种子成熟晚，头年采的种子若要第二年出苗，就需对种子进行处理，即进行种子催芽处理。

种子催芽有 2 种方法：

（一）箱槽催芽法

利用木箱、砖砌的槽形床等形式进行催芽，称为箱槽催芽法。

催芽时间为夏催秋播，用上年的干籽，于 6 月底前进行催芽，多在室外进行。8 月下旬种子裂口，9 月末种胚可完成形态后熟，10 月份即可播种。具体操作为：选择地势高燥、背风向阳、排水良好的场地，在靠近场地的北侧，放置一个用木板做成的方框，框高 40cm，宽 90~100cm，长度根据种子多少而定。可用砖砌槽代替木框。框的前边做晒种场。与此同时，准备好过筛的腐殖土和沙子，并将一部分腐殖土和沙子按 2：1 比例混合种子，用适宜孔径的筛子筛选，或用盐水选种（50kg 水加 15~25kg 盐），将种子用温水浸泡 24 小时后，捞出稍晾干（以种子和土接触不黏为度），加入 2 倍混合土（按体积算）混匀，并调好湿度（用手握成团，距地面 1 米高落下就散为宜）。种子装床前先在床底铺 5cm 左右过筛细沙，然后装混拌土的种子约 20cm 厚，搂平，其上再覆 10cm 厚的细沙。最后在床上架起一个透光不遮雨的棚，棚的四周挖一个排水沟，在西、北两侧排水沟外，设一防风障。处理期间温度控制在 18~20℃（后期 15~18℃为宜）。温度过高影响种胚发育，易引起种子腐烂，为降温可盖帘遮阴或置阴凉处降温，温度过低，可揭开棚盖或撤掉部分遮阴物进行日晒。注意经常倒种，一般开始时每 15 天倒 1 次，后期适当增加倒种次数。倒种时，要注意调节水分和晾种。如果后期温度低，种子裂口不好，可在床上盖上塑料薄膜，提高床温，晚上在塑料薄膜上盖上草帘保温。也可将处理的种子带上土装箱，放在适宜的室内继续处理。种子一般经 90~120 天即可全部裂口，参农把这样的种子叫裂口籽、处理籽。箱槽式催芽，要求条件高，技术性强，管理环节多，因此要注意加强管理，特别要注意经常检查水分，经常保持腐殖土加沙的湿润状态（手捏成团，落地就散）。若以含水量为标准，用腐殖土加沙催芽，含水量以 20%~30%为宜，纯腐殖土催芽含水量以 30%~40%为佳，纯沙则以 10%左右为好（图 2-7）。

（二）床土自然催芽法

床土自然催芽，就是将种子和过筛细土混合好，埋藏在床土之

图2-7　箱槽催芽

中，让其在自然条件下完成胚的生长发育。催芽期间自然温度和湿度的变化，比箱槽催芽法简单，省工，省料，种子裂口整齐，安全可靠，此法处理干籽和水籽皆可。干种子于6月底前、当年籽于8月5日前处理。利用待栽参的土垄，将床土做成宽100cm、深10cm的平底槽，先在槽底铺一层塑料编织布或网纱，既透水又可透气，把种子和过筛土按1∶3混合均匀，装入槽内，达5～7cm厚，摊平，编织布宽的可折过来覆在上面，否则在上面再覆编织布或塑料纱，上面再覆土5～10cm，搂平床面，上盖落叶或杂草，以防雨水冲刷，保持床内温度和水分（图2-7）。10月可取出播种，如果不秋播，可加厚防寒物，翌年春播。此法处理当年水籽，后期要在床面盖膜保温，待种胚完成形态后熟后再撤膜防寒，使之在畦内完成生理后熟，春播出苗，形态后熟的标准是种子裂口1∶3的百分率达90%以上，90%以上种胚长度达到胚乳长度的80%以上（图2-8）。

第四节　播种育苗

一、人参播种的时间

人参种子因种胚具有缓慢生长发育特征，所以播种期也不同于

图 2-8 床土自然催芽

其他作物。只要土壤未封冻，均可进行播种。根据种子发育程度和气候特点，一般分为春播、夏播（伏播）、秋播 3 个时期。春播在 4 月下旬左右，当土壤解冻后，即可进行播种。催芽种子春播，当年可出苗。也可播种干籽，翌年春天出苗，但因播后需要管理，故多不采用。夏播亦称伏播，多播种干籽。无霜期短的地区要求在 6 月底播完，无霜期较长的地区，播干籽可延迟到 7 月上、中旬。播水籽要在 8 月上旬以前播完为好，否则会影响翌年人参的出苗。秋播即秋季播种，多于 10 月中、下旬播种催芽的种子。3 个播种期，各有利弊。春播催芽种子当年能出苗，但常因春季干旱，由于做床播种，会加重土壤旱情，影响出苗率。夏播只能播种干籽和水籽，播后要进行适当的田间管理，增加了用工量，但省略了人工催芽程序，可避免催芽期间管理不善造成的损失。秋播有利于春季出苗，各地多采用秋播。

二、人参的播种方法

目前，人参各产区采用的播种方法有点播、条播、撒播 3 种。

（一）点播

采用点播机或用压眼器等距离点播。每穴播1粒种子，均匀覆土3~5cm，用木板稍镇压，利于保墒。点播的株行距：培育2年生种苗，采用3cm×5cm或4cm×4cm点播；培育3年生种苗采用4cm×5cm或5cm×5cm点播；4年生直播采用6cm×8cm点播。

（二）条播

用平刃镐在做好的床面上，按行距开成深5cm的平底沟，将种子均匀撒在沟内。或用特制的条播器，平放于床面上，把种子撒在播幅内，覆土3~5cm。一般采用行距10cm，播幅5cm，也有采用行距5cm，播幅5cm的。

（三）撒播

用木杷或刮土板将床面上的土壤推向两边，搂平底床，做成深5cm左右的床槽。要求床边齐，床底平，中间略高，呈一整面形。将种子均匀撒在槽内，覆土5cm。

这3种方法以点播为好，其优点为：节省种子；种子分布均匀；覆土深浅一致；出苗齐，生长整齐健壮；种苗可利用率高。条播比撒播省籽，有利于苗床通风，便于田间管理，但种子分布不均匀，营养面积不一致，植株生长不够整齐，参根大小不一，种苗利用率低。如果在条播基础上，适当进行间苗，培育较高质量的参苗是可能的。撒播省工，但浪费种子，种子分布不均匀，覆土深浅不一致；单株营养不均匀，参苗生长不整齐，可利用率低（图2-9）。

三、人参播种量的计算

关于播种量问题，需要注意的是商品人参的质量，试验表明，栽一等苗生长3年后，单根鲜重在63g以上，属一等商品水参；栽四等参苗生长3年后，单根重仅37g左右，属三等商品水参。因此，培育大苗是提高产量和品质增加效益的关键措施。而苗田的密度和播种量，对培育参苗的大小影响很大。掌握的原则

①、②人工播种；③自动播种机播种

图 2-9

是在种子质量好的基础上适当稀播，使单株有充足的营养空间，点播是最容易满足该条件的，撒播和条播应尽量播匀，而且必须控制在单位面积内最适当的种子量。农业农村部人参种子一、二、三等的千粒重是在种子风干条件下测定的，种子含水率在13%左右，按这样风干种子的标准，每平方米的适宜用种量为15~20g。辽宁省和吉林省集安等地气候温暖，多使用刚采下搓好的鲜籽（又称水籽或湿籽），这样的种子每平方米用种量为30~35g，若用经处理的裂Ⅵ种子，每平方米用种量为25g左右（图2-9）。播种量也有以丈、帘为单位的，我国用丈、帘；国外用坪和间。1丈=5m²，1帘=10m²，1坪=3.3058m²，1间=1.62m²。国家标准以平方米为统一单位。

如果受天气、劳力等因素影响不能用点播而用撒播育苗者，可适当加大用种量，待苗出齐后，按4~5cm的株距间去弱小苗，保留大壮苗，也能达到优质苗标准。有试验表明，撒播不间苗，2年生苗平均根长14cm，根重0.7g，最大根重7.5g，最小根重仅0.2g，而间苗后每平方米留苗326株，平均根长15cm，平均根重1g，最大根重可达10g，最小根重1.5g。因此，对撒播、条播育苗的苗田要实行间苗，以提高参苗质量。间苗应从1年苗开始，按

5cm 行株距留苗,每平方米保留 300~400 株,按 50% 扣除病残损失,还剩 160~200 株。1m² 苗可移栽 3m² 以上,有利于培育优质人参。为了保证参苗的标准,培育大参,除加强管理外,适当扩大育苗面积从中选优栽种,也是必要的措施之一。关于育苗面积与移栽面积的关系,绝大多数参区的经验是:育苗 1m²,移栽 3m²,但为了选择优等苗,生产中多为 1m² 倒栽 2m²,也可利用下列公式计算:

育苗面积=(移栽面积×每平方米移栽株数)/(每平方米生产苗数×可利用率)

每平方米生产苗数=播种粒数×存苗率

可利用率(%)=(每平方米总苗数-每平方米不能利用苗数)/每平方米总苗数×100

第五节　移栽技术

人参生长达标一般要 6 年以上,6 年以上的人参生长速度减缓,有效成分达到较高水平,符合商品要求。人参种植从播种到收获,如果不移栽,到收获时每平方米只需 50 株左右,就只能播得很稀,2~3 年植株小的时候太浪费土地和棚架等遮阴设备。如果按育苗时每平方米播 400~500 粒种子,则 3 年生以后密度太大,相互荫蔽通风透气不好,病害严重。由于空间拥挤,光照不足,土壤中营养成分经 3 年已消耗吸收殆尽,而且土壤板结,透气性差,容易造成参根腐烂。因此,在人参生产中基本上都采用移栽的方法。

一、人参的栽培制度

人参生产的栽培制度包括育苗年限、移栽后生长年限及移栽次数。移栽又称倒栽,移栽一次称一倒,再次移栽称二倒。目前我国传统的人参栽培制度基本分为两种:一是一倒制,即育苗后移栽 1

次，如"三、三制""二、四制""三、四制"等；二是两倒制，育苗后移栽2次，如"二、二、二制""三、二、二制""三、二、三、制""三、三、三制"等。根据我国多数参区地处高寒山区，生育期短等特点，普通参培育一般采用"三、三制"或"二、四制"，边条参和石柱参采用二倒制。

二、人参移栽时间

人参移栽时期有春栽和秋栽之分，一般疏松的腐殖土多用秋栽，能保质保量进行各项作业。黏重土壤和农田栽参，因土壤板结，易憋芽子，采用春栽有利出苗。

春栽在4月下旬前后，栽参层土壤解冻时就可进行。由于气温回升快，所以栽期短。另外，春季风大，土壤易干旱，嫩芽易受伤和芽干，影响成活率，一般春季墒情好栽参量不大时可以春栽。

秋栽在10月中、下旬至土壤结冻前皆可进行栽培。适宜秋栽的时间长，但也不能栽培过早或过晚，要根据参苗生育情况和温度变化决定移栽时间。天气暖和可推迟几天，天气寒冷可提前几天。过早栽培参苗没枯萎，生长还没停止，参根营养积累不足，同时气温、地温高，栽后易引起烂芽；过晚栽培，参根易受冻害。

秋季栽参，有人主张9月下旬至10月上旬栽完。认为这段时间人参体内新陈代谢缓慢，移栽后成活率高，而且天气较暖和，作业方便，后期人参越冬田间管理时间充足，一般不用顶雪干活。但是，这段时间由于气温和地温相对较高，人参的生长还在进行，参根越冬需要的营养物质积累得还不足，移栽后芽苞还可萌动，人参容易因热伤而引起烂芽。传统栽参时间，一般安排在10月下旬至11月上旬，主要可起到防止人参因天气暖和容易受害的作用。但是，由于这段时间天气变化无常，遇降雪早的年头，就要顶雪栽参，作业不方便，运输参苗容易受风冻，影响生产。有的可能因错过栽参季节，只好改秋栽为春栽。上述两种栽参时间都不宜采用。

秋季栽参，要根据参苗的生长情况和当年秋季的天气情况来决定栽参时间。最适宜的时间是：寒露至霜降，也就是10月10日—25日，以这段时间栽参为好。如天气暖和可稍延迟2~3天。这样既保证人参移栽后不伤热、不受冻，又不影响人参生产，人参成活率可达95%。

三、人参移栽前的起苗、选苗

起人参种苗比收获做货时间晚，应在栽参季节内进行。一般是在栽参头一天起苗。起种苗时，应在当天拆掉参棚和立柱，清除地上茎叶，然后从床的一端一镐一镐地刨出参根，刨的深度以到床底为宜。刨苗时勿损伤根部和芽苞，起出的参苗要及时装入箱或筐里，芽苞向内，须根向外。起出后的参栽子，要严防风吹日晒。掰出茎秆抖掉泥土，如果有参须和参茎盘连在一起的，要轻轻将参茎掰掉，不要损伤胎苞，尽量不能碰断参苗的须根。将参苗运回室内，选苗分级。起参量要根据栽植面积和进度而定，能栽多少起多少。当天栽不完的暂放在凉爽湿润的室内。偶尔超过1天以上时，要芽向上，须根向下立着存放，芦上盖湿苔藓或湿麻袋，严防芽苞鳞片干枯，影响出苗。

起出参苗后要经挑选，分级后才能栽种。挑选的原则主要是根须健壮，须芦完整，胎苞肥大，浆足无病虫害，无伤口。用手一捏发软，主根有一层老皮，质地不密实的"干浆参"不宜做参苗。身条长，体形好，有2~4条腿的参苗，可留作培育边条参用。选择参苗时，要轻拿轻放，注意保护胎苞。要按参栽子大小和胎苞大小进行分级，同等参苗要均匀一致。

四、合理的移栽密度

合理密植是获得优质高产的必要条件之一，而实际移栽密度应根据移栽年限和参苗大小来定，年限长，参苗大的，行株距要大些，反之则小些（图2-10）。过去为了提高单产，单纯重视密植效

图 2-10　人参移栽

应，由于密度过大，所以产品单株重偏低。近年趋向适当稀植。现将近几年培育普通参（抚松参区）的行株距归纳如下（表2-1）。

表 2-1　行株距规格

参苗等级	行距（cm）	每行株数（株）	种植密度（株/m²）	备注
一	20	8~10	40~50	
二	20	10~12	50~60	床面宽度 1.2m
三	20	12~14	60~70	
四	20	14~16	70~80	

注：1. 参苗过大时，每行株数可减少1~2株；参床加宽时，可适当增加苗数。

　　2. 表格数据来源于《人参西洋参栽培百问百答》（中国农业出版社）

五、人参移栽的方法

移栽人参首先要选择根须、芦头、芽苞完整，体形好的，色正、浆足、无病虫伤痕的特等和一等至三等参苗，分别栽培便于管理。在同等级参苗中，支头较大的要栽在池床中间，较小的栽在池床两边，两边参苗的根须栽时要向床里边斜靠 25°。参苗要间距一致，芦头整齐（图2-11）。

图2-11　人参斜栽方式

　　摆放好参苗后要在芦头上撒放一把沙子。撒沙子的原因是：土壤越肥沃，微生物越多，每克腐殖土中就有几亿、几十亿微生物活动繁殖，在这小小范围之内，人参芦头被薄薄的鳞片包裹着，易受微生物群内的有害病原菌感染，引起芽苞腐烂。所以在栽参时，每单株芦头上覆盖一小把沙，是为了使芦头局部土壤松散，有利于保水、保温，更重要的是可保护芦头不受细菌感染，出苗齐，然后覆土盖参。

　　盖土要细致认真，防止参栽卷须影响人参生长。盖土厚度要根据参苗大小来确定。一般特等和一等参栽子盖土 8~9cm 厚，二等、三等参苗盖土 7~8cm 厚。如地势高，土壤疏松，土壤湿度又较小，盖土要深一些；地势低洼，土壤较黏重，盖土就要浅一些。盖土过厚，参苗出得慢，春天容易憋芽子，出苗率低；盖得过浅，春、秋季容易受缓阳冻害。栽参盖土的原则是：深栽、浅盖、多上防寒土。另外，不要顶雨、雪栽参。参苗要用布盖好，做到随拿、随栽、随盖，防止风吹日晒。参苗要等距离顺直摆好，越冬芽摆在一条水平直线上，不得有前有后、有高有低，否则出苗不一致，生长不整齐，又不便于薅草与松土。覆土时要防止卷须，深浅要一致。秋栽人参后，床面及时用落叶或杂草覆盖，上面压土做好防寒。春栽人参后，用板条将床面轻轻压一下，使土壤和参根贴实，特别是干旱地区，覆土后床面再盖一层帘子，保持土壤水分，待出苗时将帘子撤掉。

六、人参移栽的方式

人参移栽大体可分为平栽、立栽和斜栽3种。

平栽是把整好的池面做成宽20~30cm的平底槽，把参苗平放在槽内，芦头稍高，盖土7~9cm厚。平栽人参根整齐，支头大，体长，水须返得好，根系分布在5~10cm的土层中，吸收水分充足，产量较高。在低温多湿的环境下，以平栽参为好，但由于须根多，大支头参出成品率低。

立栽是把整好的池床做成宽20cm、深20~25cm的斜底槽，参苗斜放在槽内，大约倾斜60°，盖土7~9cm。立栽人参产量低于平栽和斜栽。除干旱地区外，一般不采用。

斜栽是把整好的池床做成宽20~30cm的斜底槽，参苗斜放在底槽内，大约倾斜30°，盖土7~9cm。人参斜栽主根发育好，须根比平栽参少，出成品率高。根系分布于10~15cm的土层中，作业方法稍比平栽参费点工，但对人参吸收土壤中深层水分和养分有一定的好处，具有抗旱、保苗、长势好，参栽子的芦头朝上，土较浅，可以控制芋帽生长，促使人参长成身长、腿长、须清、形美的高档参等优点。在高温、干旱条件下，采用斜栽效果好（图2-11）。

按参苗制定栽培方法的原则是：特等和一等、二等的参苗，如果培育高档参可采用斜栽法，培育普通参可采用平栽法。

第六节　防寒管理

一、防寒防冻

在晚秋和早春，气温在 0℃ 左右变化剧烈，会使参根脱水、腐烂，形成缓阳冻害。冻害的特点是新栽比陈栽多；阴坡比阳坡多；不防寒比防寒重；只扣地膜不压土比扣膜压土、草的严重。防寒措施要在秋播籽或秋移栽完成后马上进行。其具体方法如下。

（一）上防寒土

秋后播种或栽参后，在上冻前一定要封好参床，特别是当年新栽的人参，结合清理排水沟，把清理出来的土培到参畦上，要贴好畦帮，包好畦头。一般上防寒土厚度 6~10cm 即可，既能防旱，又可防止秋、冬、春三季雨雪造成原来畦床表土形成板结层，翌年搂池子（畦床）后不会影响人参出苗。封参床也可用树叶和杂草代替，覆盖厚度以 10cm 左右为宜，但必须盖严，用帘子压好，防止被风刮跑。

（二）畦面覆盖参膜

深秋参膜撤下之后盖于畦面，既防寒又保湿，还可防止大雪后化开的桃花水渗入畦内危害人参，但盖膜要注意以下问题：一是参膜下面的畦面上防寒土时上面的土不能少于 7cm 厚。二是要掌握好盖膜时间，要等气温下降至上冻时扣膜为宜，过早、过晚都不好。三是坡度大的地块，覆盖参膜要防止膜上的土脱坡，造成损失（图 2-12）。

（三）盖雪和撤雪

许多地方新栽参地冬季参棚不上帘，这样当床面降雪少时，整个冬、春季节床面裸露，常造成春旱。所以，要人工上雪，把作业道上的雪撮到床面上盖匀，厚度 15cm 左右，既可防寒又能保湿。如果参畦湿度已达要求，秋末封冻前或春季化冻时，降到床面上的

图2-12 畦面覆盖参膜防寒

积雪要及时撤出，这样可以预防菌核、烂芽苞等病害。

近年采用透光棚遮阴，有的阴棚平缓或架材简陋，冬季又不下帘，棚上积雪多也会把参棚压坏。所以，冬季当棚上积雪达到10cm以上厚度时，也要及时撤下来，防止压坏参棚。防止桃花水，每年3—4月，积雪开始融化，常因排水不畅使积水浸入参床或漫过冲坏参床。经验证明，受桃花水浸害的参床，人参病害多，易烂芽苞或烂根，严重的地段成片死亡。所以，每年积雪融化时，派专人检查，疏通好排水沟，把存水的地方刨开，引出桃花水。积雪大的年份，春季桃花水猛，更要管理好。

二、下防寒土（物）

下防寒土（物）是指撤出秋季为防人参缓阳冻覆到床面上的防寒土或物。下防寒土（物）与搂池子是同时进行的，一般在4月中、下旬，个别生育期短的地方于5月初进行，各地都要根据气温变化、土壤解冻深度和越冬芽活动情况决定具体时间。当气温逐渐升高，床土全部化透，越冬芽要萌动时，撤防寒土（物）最适宜。过早撤掉防寒土（物），人参萌动快，易受缓阳冻；过晚时，人参越冬芽萌动慢，造成憋芽子，影响出苗率。

下防寒土（物）要先下阳坡后下阴坡；先下陈栽，后下新栽；先下移栽地块后下播种地块。新栽的地块先架棚后下防寒土。其方法是用木耙子将防寒时的覆盖物，一耙一耙的搂下，搂下的防寒土要覆在床帮上，起到加厚床帮防旱保湿的作用，用树叶、杂草防寒的要及时清除或烧掉。下完防寒土（物）接着用木耙子将覆土层土壤搂松，搂池子深度以不伤参根和越冬芽为度。一般芽苞上留0.8cm不动为好。这样做既松土又保墒，便于人参出苗和生长发育。结合搂池子可以往覆土层施农药（多菌灵等），预防根病或茎斑病，也可以结合施追肥（施入腐熟豆饼或复合肥）。搂池子的深度，要根据覆土厚度和春季气候特点而定。一般"倒春寒"即出苗期温度低会影响人参出苗，所以，要深松，并适当把床面上土撒下一薄层，以提高地温，促进早出苗，减少烂芽苞等现象。不是"倒春寒"的年份搂土过深易伤根、伤芽苞或是把参根掀起，影响以后正常生长。因此，搂池子要深浅适当，以利于疏松土壤，提高地温，达到苗全、苗壮为好。注意 1~3 年生的苗床只撤防寒物，不搂或浅搂池子，以免伤害小苗芽苞。

第七节　调光管理

人参90%以上的干物质都来源于光合作用，如何提高人参光合作用，制造更多的光合产物是提高人参品质和产量的重要途径。但是目前大部分参农对光合作用在人参增产栽培中的重要作用并没有足够的重视，因此在栽培人参时并没有采取合理有效的措施提高人参的光合作用。例如，人参阴棚颜色、材质；棚内空气流通、温度；土壤中水分的含量等条件并不适合人参光合作用的进行。在人参栽培的生产实践中，涉及人参光合作用问题时人们往往只强调光强的作用，忽略了其他因素，而影响人参光合作用的因素是交叉互作的，不能单一的只强调某种因素的作用，这就要求通过学科交叉与融合，结合生理生态因子、光合特性间关系的研究找出适宜人参生长因素的组合。

一、人参的遮阳

人参有喜欢散射光、怕强光直射的特性，在人工栽培时，需要用遮阳来调节光照时间和光照强度。这与人参的生长发育和产量的高低有着密切的关系。遮阳一般采用搭建遮阳棚的方式来解决。

人参遮阴棚大体分为三大类，即全阴棚、单透棚和双透棚。全阴棚有用木板苫盖人参的叫全阴板棚；用草苫盖人参的叫全阴草棚；采用油毡纸苫盖人参的叫全阴油毡纸棚。全阴棚适宜气温比较高、光照强度比较大的地区采用。透光棚有塑料薄膜大棚、起脊棚、弓形棚、裙子拱形透光棚、一面坡透光棚，还有白布透光棚。透光棚适宜于无霜期短的高寒山区采用。双透棚是既透光又透雨的一种人参棚，这种人参棚适宜于沙质壤土、干旱少雨的地区采用。

人参遮阴棚的种类较多，各有利弊。人工栽培人参在选择和采用人参遮阴棚时，应考虑当地的气候条件、土质情况、物质条件和遮阴棚的性质，因地制宜地采用合适的人参遮阴棚。如高温地带可采用全阴棚；沙土、干旱地带可采用双透棚；高寒地带可采用透光棚中的一种——裙子拱形透光棚，这种棚既可人为地调节光照数和光照强度，满足高寒山区人参生长发育对光照的需要，又可防止晚霜和秋冻对人参的损害，延长人参在高寒山区的生长期，可提高20%~30%的产量，是值得高寒山区推广和采用的一种人参遮阴棚。

（一）全阴棚的搭设方法

按播种和移栽人参床面宽为120cm搭设全阴草棚的规格是：前檐立柱全长为160cm，后檐立柱全长为150cm，埋入地下部分均为40cm。秋季栽种的人参应于秋后上冻前，在人参畦床两边的畦帮下边，每隔333cm埋入一根立柱，前后立柱要对齐，里外顺畦帮下边成一条直线踏实埋牢。如春季栽种的人参，栽种完可直接埋入立柱搭设阴棚。在埋好的立柱顶端固定长 228cm、小头直径为 6cm 的横梁杆，在横杆上等距离绑放 6 根小头直径为 6cm 的顺杆。后檐边上的一根顺杆要靠立柱外侧横梁杆尽头绑紧固定。然后铺上蒿秆或柳条，绑扎牢固后即可苫草。

图 2-13　一面坡透光棚

人参全阴草棚的苫盖方法有 2 种：一种是和苫草房的方法相同。每苫 300cm 用草 40~50kg，标准是以达到不漏雨为度。然后在草上压杆或压条，用细铁丝与顺杆上下捆扎结实即可；另一种方法是提前用山草、麦秸、稻草等搭制好草帘，一层一层地滚苫上，同样用 5 道压杆或压条与顺杆上下捆扎结实即可。

全阴棚一天内只得到一点早、晚的斜射光，从上午 9 时至下午 3 时，5~6 个小时参棚内没有直射光照。日出后光照强度急剧增大，一天内因光照度处于过强或过弱的变化之中，对人参的光合作用、有机物质合成积累、植株的生育等带来不利影响。因而，人参单产低、质量差，现多不采用。

（二）透光棚的搭设方法

透光棚分为一面坡透光棚、起脊棚、塑料大棚、弓形棚、小弓形棚、多孔棚和裙子拱形透光棚。透光棚能够提高苫棚内散射光和反射光的强度，适应人参生育对光的要求。透光棚苫参前檐受光量较大，在上午 9 时左右可达 90 000 lx，虽然光强度大，但由于气温较低，此时不会引起人参日灼病；中午和下午随时间的变化，气温升高但苫棚内光照强度受遮阴影响亦相对减弱，完全可适应人参生长。透光棚能使光照均匀分布，空间差别小，提高了光的质量（塑料薄膜可滤掉一部分紫外光），增强了苫棚内的光照条件。因此，主产区遮阳棚一般采用透光棚。

1. **透光棚苫盖人参塑料薄膜的选择**

用不同颜色的塑料薄膜或塑料板苫参，其棚面所透光的颜色也不同。各种光折射到人参棚内对人参生长起着不同的作用，选择适应人参生长颜色的薄膜，也是使用透光棚的技术关键。吉林省抚松县某参场用各种不同颜色薄膜，对同等参苗进行苫参试验，结果表明：黑色薄膜人参产量较低，效果相当于全阴棚，在高温季节苫棚对人参烤得厉害；白色薄膜效果最好，绿色和蓝色薄膜也可应用于人参生产。白色、绿色、蓝色 3 种薄膜的透光棚，光照强度均高于全阴棚，而且这 3 种透光棚的保苗率也高于全阴棚。

从人参地上部分长势观测，5 年生人参平均株高、茎粗、果茎高和果茎粗，透光棚均低于全阴棚，但平均叶长和叶宽都高于全阴棚。这样有利增强人参光合作用，促进人参根部生长。效果最好的是白色薄膜，其次是绿色和蓝色薄膜。6 年生全阴棚人参，除果茎略粗于其他有色膜外，株高、叶长和叶宽均低于有色膜。

2. **裙子拱形透光棚的搭设方法**

裙子拱形透光棚构造简单，造价低，省工省力，抗旱霜防春冻，保温保湿，增加有效积温 769℃，提前延后人参生育期 45 天左右，可提高人参产量 20%～30%，而且质量好。此棚适合温度较低的半山区和高寒山区采用（图 2-14）。其搭设方法如下。

前后檐立柱各全长 120cm，地上部分高 80cm，在人参畦床两面各距离 80cm 对应处立柱各 1 根，靠近畦帮下边，下埋深 40cm。

图 2-14　裙子拱形透光棚

弓条横跨畦床与立柱上端紧固在一起，即成为裙子拱形透光棚的木制棚架。

（1）铁制拱形棚架材料的加工。将直径 10mm 钢筋截成长 120cm 作为立柱，立柱一头做成尖形，一头砸扁，上头让出 5cm 钻两个螺丝孔，钻穿钢筋，两孔相距 20cm。将直径 6mm 钢筋截成长 238cm 作为弓条，两头砸扁，各让出 5cm，钻与立柱同样规格的两个螺丝孔，再做成弓形。用 8# 铁丝做 U 形抱箍紧固螺丝，螺母制作不便可购买。

（2）铁制棚架的架设。在人参畦床两面各距离 80cm 对应处立柱各 1 根，靠近畦帮下边楔下立柱，深 40cm，两面各放 1 根 8# 铁丝做连接拉线。再上弓条，用 U 形抱箍紧固螺丝，将立柱、弓条、拉线固定在一起，拉紧铁丝后，将 U 形抱箍紧固螺丝扭紧，即成为铁制拱形透光棚活动铁制棚架。

（3）裙子拱形透光棚苫帘的搭制。人参喜散射光和斜射光，怕强光直射，应根据不同自然气温条件和人参生长年限，控制人参裙子拱形透光棚苫帘的密度，采取适宜的透光度。一般气温较低的高寒山区和半山区，4 年以上生的人参遮阴棚，苫帘透光度应在

30%。阳坡栽培人参或1~3年生的人参苫帘，透光度可略小，一般以20%或25%为宜。

搭制苫帘的材料，可用向日葵秆、蒿秆、苇秆、架条秆、农作物秸秆、竹批和高棵草类。径绕可用20#细铁丝和尼龙细绳搭制苫帘。宽120cm的人参畦床，可搭制宽2.4m，长2.2m的苫帘，搭5道径绕。如用高棵草类或稻草、麦秆和秫秸等搭制苫帘的草把，草把粗1.5cm即可。

（4）盖膜、苫帘时间和方法。采用宽幅、透明和抗老化的人参塑料薄膜苫盖。无宽幅的可两幅或几幅粘在一起用。根据当地的气候条件，一般在化雪后的4月上旬，将宽幅塑料薄膜苫盖在拱形透光棚的棚架上，两边耷落地面，用土压严，以防冷风吹入或骤棚。裙子拱形透光棚的两头各设一块薄膜做挡帘用，随时可打开通风换气，调节棚内温度。当气温升高到20℃以上时，再盖上苫帘。当地参农称此为裙子拱形透光棚或拱形棚穿裙子。

立夏以后，将两边耷落地面的薄膜，随自然气温的升高，可渐次卷至棚架的上部，达到既及时散热又防雨的程度即可。秋季气温降至20℃时，可撤掉苫帘，再放下薄膜用土压严，直至人参茎叶枯萎时，撤掉薄膜洗净后，卷起入库保存，以备翌年再用。

3. 人参透光塑料大棚的搭设

人参透光塑料大棚的搭设方法与裙子拱形透光棚或拱形棚基本一样。其不同点是在一个透光塑料大棚内做两个人参畦床。大棚的规格是：人参畦床宽270cm，中间留30cm的人行道。人行道两边各做宽120cm的人参畦床。大棚的立柱全长150cm，地下50cm，地上部分是100cm。弓条全长为380cm，两头固定于立柱的部分各50cm。苫盖大棚的塑料薄膜宽应为380cm（商品薄膜不够宽可几幅加工在一起用）。苫帘长210cm，宽530cm（图2-15）。

采用透光塑料大棚苫盖人参时应注意：①透光度不能超过30%。编制苫帘时，一定要按照阴阳坡和参的大小制作，科学地调节光照才能获得增产增值的目的；②进入高温多雨季节，严防参棚

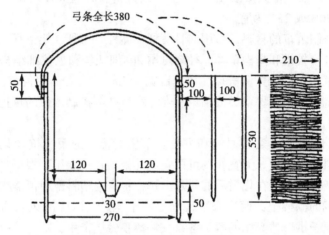

图2-15 塑料大棚的构造（单位：cm）

漏雨或从参棚两侧袭入阳光、暴雨，以免人参感染各种病害；③如遇旱天，要积极采取措施给人参浇水，以保证人参生育期对水分的需要；④透光塑料大棚苫盖人参必须进行床面覆盖，以保证床面水分，对提高人参的产量和质量起到重要的作用。

4．一面坡透光棚的搭设

一面坡透光棚既能满足人参对光照的要求，春、秋季又可以满足人参对水分的需要。一面坡透光棚结构简单，棚顶轻，可用8#铁丝代替顺杆，节省木材，降低成本。春、秋季两头既可揭膜放雨，又可盖膜防雨，灵活性、适应性强，旱涝地块均可采用。使用一面坡透光棚苫参，棚下全天有阳光，可延长和调节人参的光照时间，增加光合作用，可提高单产，增加产值，每年每平方米平均增产0.25~0.5kg，高者可达到0.5~1kg（图2-13）。

一面坡透光棚的棚架结构基本和全阴棚相似，只是用抗老化塑料薄膜代替木板、苫草或油毡纸等防雨物。即在上、下两层透光的苫帘中间夹一层抗老化塑料薄膜。通过双帘孔隙和塑料薄膜透进部分散射光线，以满足人参对光照的需要。

两层苫帘的透光率为25%~30%。单帘的透光率为50%~60%。苫第一层帘要早些进行，可与人参扣多孔小棚同时进行。苫盖薄膜和第二层盖帘要根据土壤湿度大小而定。春天土壤水分适宜，可早些进行；如土壤干旱时，可接1~2场春雨以后再苫盖。一般苫参是从4月上旬开始到5月初结束。一面坡透光棚苫参，以夏至为标准，9—14时棚下光强度在1.5万~2万lx。

（1）苫帘的结构与搭制。宽120cm的人参畦床，帘宽要达到250cm，帘长3~5米。可用架条、柳条、紫穗槐条、向日葵秆、苇秆等材料，搭5~7道绕。如用草或麦秸搭制，草把以粗1.5cm为宜。透光度：播种参或阳坡栽参的透光度以15%~20%为宜，一般参地苫帘透光度以25%~30%为宜。

（2）棚架结构与架设：一面坡式透光棚的结构与架设方法是：以地上部位计算，前檐立柱高130cm，后檐立柱高110cm，在参床的两边每隔200cm各埋1根，上设长250cm的横梁，横梁上顺参床拉4道8#铁丝，上铺底帘，底帘上铺薄膜，薄膜上再苫顶帘，上、下两层帘最好稍微交错铺苫，成棱形透光。上面再顺参床拉3道压棚8#铁丝（图2-16）。然后，在参床两头楔橛拉紧铁丝固定。立柱、横梁、下苫帘和薄膜要用细长铁丝绑紧，以免被风骤棚。

前后檐立柱的高低，各地可根据地势、阳口大小等具体情况灵活掌握。总之，以利于通风透光、方便管理、适合人参生长要求为宜。

采用一面坡透光棚苫盖人参应当注意：一是放雨期不可超过5月中旬，以防斑点病的发生。二是薄膜不要拉得过紧，条子帘不可有翘起的刀茬，以防茬坏薄膜。三是三伏天光照很强，可加盖一些青稞遮阴，以调节光照。四是塑料薄膜的抗老化期以2~3年为宜，最好宽幅为250cm。避免帘宽膜窄、漏水烂帘损害人参。

复式棚：网、膜分两层，遮阳网距参膜50cm以上，上层为全封闭式遮阳网大棚，下层为单层参膜的拱棚（图2-17）。复式棚一

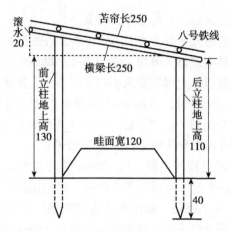

图 2-16　一面坡透光棚结构（单位：cm）

般用于育苗，于播栽后到出苗前使用。

图 2-17　复式棚

二、调节光照

人参属于阴性植物，具有喜弱光和散射光、怕直射强光的特性。在夏天由于光照强烈易灼伤人参茎叶，加上伏雨淋湿后，极易患日灼病和斑点病。因此，从夏至前开始要采取人工调节光照措施，至立秋后撤除。

调光的方法有：将受趋光性的影响，伸出前立柱之外人参茎叶扶到立柱内，这一作业称为扶苗撤参。其具体方法是：结合松土进行扶苗，首先用锄头将床帮土铲透，然后把前后檐每行 1~3 株人参扶到立柱里边去，先将第三株人参苗内侧土抓松扒开，然后轻轻把参苗向内推，使之向内倾斜约 10°，接着用抓开第二苗人参内侧的土覆在第三苗人参茎的外侧，依此再覆另外两株，最后整平床面，铲松床帮。年生高的人参，植株长高，原来覆土厚度不能适应生长要求，易被风吹倒或折断，所以结合松土扶苗要进行培土，通常在第二、第三次松土时，每次覆土 1cm 左右。6 年生人参覆土总厚度以 8~9cm 为宜。

入伏前，用不易掉叶的榛柴、柞树枝等，插在檐头或床沿上，用来遮挡部分直射强光。俗称"插花"。

用秫秸、芦苇、蒿秆等材料编织成较稀的面帘（宽 0.5~0.7m，束间距离约 2cm，长根据材料而定）在夏至前挂在前后檐的顺杆上。这种作业俗称"挂帘"。这种方法操作方便，有利于田间卫生，遮光效果好。

第八节　水分管理

一、防旱灌水

人参生长发育的 5 月、6 月和 9 月正是需要大量水分的时期，如此时天气少雨干旱，会致使人参全生育周期生理功能受到抑制，大大影响产量和质量。为此，采用人为措施进行防旱与浇水，十分重要。可采取以下措施。

一是为了解决早春干旱可利用自然降雪、降雨，在10月中、下旬把帘子揭下来，直接增加床土水分。揭下帘子可冬季上雪，既能保温增肥（雪里含有氮的成分），又能防止春旱，避免人参憋芽子、干巴叶、出土不齐的弊病。

二是将水沟填平，在作业道内挖鱼鳞坑叠成拦水坝，使雨水能渗入参床内，用作业道内的土贴床帮，包床头，床面覆盖，防止水分蒸发。

三是采取春秋两季人工放雨措施。春放雨先不上塑料薄膜，放完雨后再上膜，秋放雨可在9月初把棚盖全部揭掉，让人参裸露生长。放雨时应注意在气温、土温、雨温比较接近时再放雨，一般情况，大雨、阵雨、暴雨及天热不放，有经验证明，下雨30分钟后放雨最好，春秋放雨，夏季不放雨；放雨量以接上湿土为度，不能过量；放雨后立即喷预防病害农药，保护参苗。

四是在早晨、晚上或阴天，水温、土温接近时进行适量灌水。以浇透浇匀为度。

传统灌水方式是播种地可用喷壶喷灌，即用喷壶往床面上浇灌，以床面上土壤用手捏成团，松而即散，湿而不淙的状态为宜。移栽地可在人参行间开2~3cm的浅沟，于沟内灌水，每次每平方米灌水15~25kg（视参床干旱状况而定），分2~3次灌入，以免一次灌水太多，冲坏参床，土壤太板结。最后一次浇水时，可在水中拌入可湿性杀菌剂（如多菌灵10g/m²左右），浇后覆土，过2~3天后松土，并覆盖落叶。水源充足的地方，可以在参床的前后开沟进行沟灌。集安、长白等地方，参地距水源很远很高，采用高压泵往山上送水，将水贮于山上所挖的坑内，坑内用热合的大塑料布垫上。有条件的地方也可采用滴灌、喷灌、渗灌等机械灌水方式（图2-18）。近年许多地方采取结合追施肥料的浇水，省工，省力，效果好。另外，用人工放雨或浇水时，床面必须覆落叶或稻草。

图 2-18　人参喷灌系统

五是在人参展叶期或浇水追肥后，应立即进行床面覆盖，以防床面水分蒸发。床面覆盖方法为：将覆盖人参床面的落叶、稻草、无籽杂草、锯末、稻壳等覆盖物 80% 的敌敌畏 1 000~1 500 倍液进行喷洒防虫后，送入人参行间铺匀，厚以 6cm 为宜。如用锯末或稻壳，可分 2~3 次撒入床面，厚以 2cm 为宜，然后压土即可。这样可以控制人参床面的水分蒸发，覆盖后始终保持床内湿润；高温季节能降低温度，而且能起保湿的作用；疏松土壤，克服土壤板结，可保证床土透气性良好，满足人参根系和土壤有效微生物的呼吸，有益于微生物的活动和繁殖，促进土壤养分的分解，供人参生长发育期间对养分的需要；减少拔草松土环节，不但可以节省劳力，而且避免了因疏土损伤人参须根的弊病。人参进行床面覆盖应注意操作质量，严防破坏、碰伤人参的茎叶，追肥和浇水后，必须立即进行床面覆盖，以防床面水分蒸发。

二、防涝排水

防涝排水措施包括：一是对初冬和晚春降落到参床而站不住的雪（俗称"埋汰雪"）和冬季雪大春化成流的雪水（俗称"桃花

水")采取清理排水沟、作业道等措施，尽快将其排出场外，以防侵入参畦，造成危害。二是在伏天雨季，新式遮阴棚除双透棚外，伏前棚上一律应盖农膜，防止降雨直接淋沥参株。7—8月是高温多雨的伏季，除挖好排水沟，清理好作业道外，过涝的年份还要设法排出床内水分，可采取切薄床帮的方法，使水分散发。全阴棚在伏前应做好维修、上双帘等工序，控制阴棚漏雨。

第九节　病、虫、鼠害的防治

国内外记述的人参病害有50多种，包括侵染性病害和非侵染性病害。在侵染性病害中，有的分布广、危害大，在国内外都是重要的病害，如锈腐病、立枯病、黑斑病、疫病等。有的只在局部地方危害严重，如细菌性的参根赤腐病，在日本和朝鲜是人参最危险的病害，而在其他国家还未见报道；又如炭疽病在日本和朝鲜是仅次于赤霉病的重要病害，在俄罗斯远东地区也很严重，在我国危害不重。我国东北地区人参病害约有20余种，非侵染性病害有冻害、根裂、日灼、红皮、烧须等，侵染性病害以立枯病、猝倒病、黑斑病、锈腐病、疫病、菌核病等危害较重。为害人参的虫害主要是地下害虫，尤以金针虫最甚。人参也常遭鼠害和禽兽危害。

一、人参主要侵染性病害的防治

（一）立枯病症状和防治方法

立枯病又称"折腰病"，是人参参苗期的常见病害之一，可对地下参茎部造成危害，严重时可能造成大片的参苗死亡。主要症状为：染病部位颜色变淡，呈黄褐色，组织失水、软化变细，产生绞缢症状，有的呈萎蔫倒状，有的则立枯而死。同时，大部分幼苗开始腐烂。立枯病的主要发病条件是：病菌以原菌体或者菌核在土壤中的病残体组织越冬，翌年春天，土壤温度适合的时候，病菌开始萌发侵染植株，并向四周蔓延。此种病菌可在土壤中存活2~3年。

在低温环境下，极易发生。一般在 6 月中上旬开始发生，6 月下旬至 7 月上旬为旺盛期，7 月中旬基本停止。

防治方法如下。

1. 田间管理

秋播田在早春要及时松土、覆膜，提高地温。

及时挖好排水沟，严防雨水漫灌参床。

及时松土、除草，减少土壤板结，降低田间湿度。

严防参棚漏雨，注意排水和通风透光，降低湿度。

发现病区，及时用有效药剂浇灌、隔离，控制蔓延。

2. 安全用药

（1）种子消毒。用适乐时悬浮种衣剂包衣消毒，杀死种子携带病菌。可用适乐时 5~20 倍液拌籽或浸籽、50~100 倍液蘸栽。

（2）土壤消毒。播种前，每平方米用 99% 恶霉灵 0.5~1g、米达乐 1g 处理土壤。

（3）畦面消毒。参苗早春出土前，可用 99% 恶霉灵 300 倍液与米达乐 300 倍液，或 99% 恶霉灵 300 倍液与 72% 农用链霉素 100 倍液混用，喷洒床面，借雨水使药液均匀渗入 2~5cm 床土层。

（4）病区处理。用适乐时 750 倍液或 99% 恶霉灵 3 000 倍液，与天达参宝 600 倍液混用；99% 恶霉灵 3 000 倍液与 72% 农用链霉素 1 000 倍液混用；或 99% 恶霉灵 3 000 倍液与米达乐 500 倍液混用浇灌，使药液渗入床土下病害发生部位，可迅速控制病害的蔓延。

（二）人参猝倒病症状和防治方法

人参猝倒病是人参苗期的一种病害，发生普遍，分布较广，严重时可使参苗成片倒伏死亡。猝倒病主要危害 2 年生以下幼苗的茎基部。发病部位一般为近地表处幼苗的茎基部。病部初呈水渍状、青褐色，幼茎很快纵向缢缩成线状，病苗叶绿色并尚未萎蔫时即行倒伏，故称"猝倒"。条件适宜时倒苗处表面及附近床土表面长出白色棉絮状菌丝。严重时倒伏参苗表现"秃斑状"死苗区。病菌菌丝无色，无隔膜，菌丝顶端或中间形成孢子囊，孢子囊无色，不规则形或呈姜瓣状，其内形成肾形、无色的游动孢子。有性阶段形成球形、光滑的卵孢子。病菌以菌丝体和卵孢子在土壤中越冬。病菌腐生性强，可在土壤中存活 2~3 年或以上，富含有机质的土壤中存活较多。病菌可直接穿透侵入寄主，在皮层的薄壁细胞组织中繁殖、扩展、蔓延，以后病部产生新的菌体，进行重复浸染。病菌主要通过风、雨和流水传播。最适浸染温度为 16~20℃。在低温、高湿、土壤湿度过大、参苗过密、郁闷窝风条件下，植株发育不良，幼苗抗病力减弱，病菌易于乘机侵害幼苗，病害严重。

防治方法如下。

1. 田间管理

选择地势较高、排水良好、土质肥沃地作苗床，床土要平、松、细。

高效施用生物有机肥，充分腐熟土壤有机质，抑制病菌繁殖。

播种不宜过密，适时间苗，防止参棚滪雨、漏雨。

2. 安全用药

（1）土壤消毒。播种后可选用99%恶霉灵 3 000 倍液与米达乐 300 倍液喷洒床面，借雨水使药液均匀渗入 5 厘米床土层下，可兼防立枯病、根腐病、锈腐病、根疫病等。

（2）畦面消毒。在参苗出土前，可用99%恶霉灵 1 000 倍液与米达乐 500 倍液混用，或金雷 300 倍液，或金霜克 300 倍液喷施畦面。

（3）病区处理。发现病株、病叶要清出田间烧毁。对病区可用疫康 600 倍液、或金雷 500 倍液、或金霜克 500 倍液、或普力克 1 000 倍液与天达参宝 600 倍液混用，交替喷施。连用 2~3 次，每次间隔 5~7 天.

（三）黑斑病症状和防治方法

黑斑病又称"斑点病"，可以危害人参的整个植株。发病主要以叶片为主，是对人参危害比较严重的病害之一，能够造成人参的减产甚至绝收。黑斑病主要发生在叶片部位，其次发生在茎、花梗、花轴和果实上。被感染叶片初期有接近圆形或形状不规则的水浸状斑点，逐渐扩散，呈现为暗褐色大斑纹，后期斑点中部变为黄褐色，叶片干枯易破裂。等到病斑扩展到整个叶片的时候，叶片就会干枯死去。茎受害时，茎上的黑斑初期呈椭圆形，黄褐色，逐渐向上、下伸展，叶斑中间逐渐凹陷变黑，表面会生一层黑色的霉状物，即为病原菌子的实体，茎斑会使茎秆倒伏，俗称"疤拉秆子"。果实染病时，表面会形成褐色斑点，果实干瘪，俗称"吊秆子"。通常在 6 月初开始发生，6 月中旬至 7 月下旬为旺盛期，8 月下旬基本停止。春、夏多雨季节，空气湿度偏大的气候，该病极易发生。18～25℃为病原菌活动的最适宜温度，气候干燥时病害较轻。

防治方法如下。

1. 田间管理

（1）早春管理。

①注意排水，严防雪水、雨水漫灌参床。

②彻底清除畦面与作业道里的干枯茎、叶，减少病菌浸染源。

③及时松土、苫膜。

④预防冻害。

（2）夏季管理。

①勤观察，发现病株及时拔除，集中销毁，消灭菌源。

②及时遮光。光照过强，极易发生黑斑病（叶斑），并且留籽田不利于保花、保果。

③防漏雨、涮雨，入伏前必须及时遮阴、修补参棚。入伏到立秋间必须适时扶苗、撼苗。

2. 安全用药

（1）参籽、参栽的消毒。参籽和参栽带菌是新开参园的初侵染来源。种苗包衣消毒、消灭初侵染来源是关系到整个栽培过程发病严重与否的关键。

①参籽包衣：适乐时 5~20 倍液，在播种前拌匀后播种，可随拌随播。对已经发根的参籽注意多兑水（建议采用浸种方式），尽量减少翻拌次数，不要拌断嫩根，以免后期造成"爬叉"参出现。

②参栽包衣：适乐时 50~100 倍液，在栽参前整棵参苗浸入药液中后，捞出沥干至不染手即可移栽。注意低温天气栽参时，避免带有药液的参苗发生冻伤。

（2）茎部黑斑病的预防。

①畦面消毒：春季在参苗出土前一般可选用恶霉灵 1 000 倍液或代森铵 30~35 倍液处理；对易发病地块可选用斑绝 500 倍液或贺青 300 倍液；消灭残留越冬病菌、减少病菌繁殖，防止未出土的幼茎感病。

②出苗展叶期：重点防冻。

出苗 30%~50% 时，选择 3% 多氧清 200 倍液，或秀安 750 倍液，或世高 1 500 倍液等与天达参宝 600 倍液混合喷施。每 7~10 天 1 次，连用 2~3 次（注意交替用药）。灭菌，并增强植株抗病、抗冻能力。

经过以上措施，基本可以达到防冻、壮苗、防茎部黑斑病的目的。

（3）叶部黑斑病的防治。

在叶片完全展开后，选择斑绝 1 500 倍液，或倍保 750 倍液与天达参宝 600 倍液混合喷施。可使植株挺立、叶片上举，利于通风降湿而降低病菌繁殖、侵染能力。

在现蕾开花期，掐花后及时喷药防止从掐断的花梗处感染病菌。可选用阿米西达 1 500 倍液，或靓剑 1 500 倍液，或倍保 1 500 倍液与天达参宝 600 倍液混用，或秀安 500~750 倍液、贺青 750~1 000 倍液等加 80% 代森锰锌 500 倍液与天达参宝 600 倍液混用。

留籽田，结合防病加施保花壮果药剂。开花前至开花期用阿米西达 1 500 倍液，或多氧清 200 倍液，或秀安 500~750 倍液，与花宝 600 倍液混用（根据花蕾大小可单独加施一遍花宝）；坐果后

（"拉扁"时）用斑绝 1 500 倍液，或阿米西达 1 500 倍液，或倍保 1 000 倍液，或靓剑 1 500 倍液，与果王 600 倍液混用。及时去除被感染的病叶，拔除染病植株，集中烧毁；入夏后及时挂帘，调节光照，以减轻病害；选择保留无病的种子；对种参进行消毒，可用 1%福尔马林溶液浸泡种参 10 分钟，取出立即用清水将种参上的残液冲洗干净；人参展叶期应喷施浓度为 50%的多灵菌 1 000 倍液，或喷施代森锌可湿性粉剂 500 倍液，每 7 天喷洒 1 次。上述药物应该交替使用，以免病菌产生抗药性。阴雨天气应适当缩短喷药的时间间隔。喷药后如遇下雨，则需在雨停后再次喷施。高温干旱天气不宜喷施波尔多液。1 000 倍液加 80%代森锰锌 500 倍液与果王 600 倍液混用（根据果实大小可单独加施一遍果王）。

在伏雨期，气温高、湿度大时易引发黑斑病。此期选择阿米西达 1 500 倍液，或斑绝 1 500 倍液，或倍保 1 000 倍液，或贺青 800 倍液，或多氧清 200 倍液等与天达参宝 600 倍液混合喷施 2~3 次。

（四）疫病症状和防治方法

疫病又称"搭拉手巾病"或"湿腐病"，是人参成株期极易发生的一种严重病害，每年都有不同程度的发生，严重时可造成人参的大面积减产。该种病菌多为害 4~6 年生的人参参叶、参茎和参根，叶片染病后，会出现水渍状暗绿色大斑，染病的参茎和叶柄呈暗绿色的凹陷长斑点。根部受害后，颜色呈黄褐色，有腥臭味，逐渐软化腐烂，根内呈现黄褐色花纹，根皮容易剥脱。染病的植株叶片形似被热水烫过后凋萎下垂，最终导致整个植株枯萎死掉。疫病主要发生在高温高湿季节。7—8 月，气温较高，雨水偏多，土壤和空气的湿度大，参床的通风和透光不好，该病极易流行。尤其是在高温连雨的天气发病极为猖獗。

防治方法如下。

1. 田间管理

及时松土、上膜。

雨季注意松土、除草、排水和通风透光，降低田间湿度。

2. 安全用药

恶霉灵 300 倍液与米达乐 300 倍液于早春参苗未出土之前，借雨水均匀喷施渗入土下。可杀死土壤中的疫病病菌，减少越冬病菌基数，控制病菌繁殖、蔓延，可预防根疫病发生。

出苗展叶期加施 72% 金霜克或金雷 500~800 倍液 1~2 次。

伏天雨季来临，发病前及时喷施靓剑 1 500 倍液或阿米西达 1 500 倍液，或金雷 500~750 倍液+天达参宝 600 倍液 或 72% 金霜克 500~800 倍液+天达参宝 600 倍液，或疫康 500~750 倍液+天达参宝 600 倍液。视气候及发病情况交替喷施 1~2 次，每隔 7~10 天使用 1 次。

发现病株、病叶，立即摘除，并及时喷施金雷 500 倍液+天达参宝 600 倍液 或 72% 金霜克 400 倍液+天达参宝 600 倍液或疫康 5007~50 倍液+天达参宝 600 倍液。视病情交替喷施 2~3 次，每隔 5~7 天使用 1 次。

（五）锈腐病症状和防治方法

锈腐并又称"红锈病"或"烂根病"，锈腐病的发生比较普遍，从幼苗到各年生植株的整个生育期内均能发生，是人参栽培过程中难以解决的病害之一，主要侵染和为害植株的芽苞、茎基部和根部。染病组织呈现黄褐色的小斑点，斑点逐步扩大或相互融合成近似于圆形、椭圆形或不规则形状的锈色病斑，患病部位与健康部位界线分明。患病严重时，病斑连成一片并深入人参的内部组织，从而导致干病或引起更为复杂的软病；地上部分表现为植株矮小，叶片不展，叶片上开始出现红色或黄褐色的斑点并逐渐扩展，直至全部变红最终枯萎死亡。锈腐病几乎全年都有发生，结冻期除外。通常 5 月初开始感染，6—7 月是发病旺盛期。土壤湿度越大、腐殖层越深厚、参龄越大的植株发病越严重。

防治方法如下。

1. 田间管理

进行土壤调理，可通过接入有益菌或使用生物有机肥等拮抗性物质，抑制病菌繁殖；在每年早春结合施肥接入有益菌，如留老根参肥、地恩地菌剂、益微菌剂、EM 菌剂等。

注意防旱、排涝，保持稳定的土壤湿度。及时挖好排水沟，严防雨水漫灌参床。及时松土、除草，减少土壤板结以利降湿和提高地温。严防参棚漏雨，高温多雨季节注意排水和通风，降低土壤温、湿度。

发现病区，挖除病株并用有效药剂浇灌隔离，控制蔓延。

2. 药剂防治

（1）土壤消毒。播种、移栽前，每平方米用 99% 恶霉灵 0.5～1g、米达乐 1g 处理土壤；或于翌年早春出土前，用 99% 恶霉灵 300 倍液与农用链霉素 1 000 倍液混用（可兼治细菌性烂根）或 99% 恶霉灵 300 倍液与米达乐 300 倍液（可兼治根部疫病的发生）混用喷洒床面，借雨水使药液均匀渗入土层。以上处理均有降低病菌繁殖能力、抑制病菌生长的效果。

（2）种栽消毒。通过适乐时种苗包衣消毒技术，消灭种苗带菌。播种前用适乐时 5～20 倍液拌籽、移栽前用适乐时 50～100 倍液沾栽后沥干进行播种、移栽。注意初春、晚秋移栽时带有药液的种栽发生冻害。

（3）病区处理。发现病株及时挖除，并对病区进行药液浇灌隔离。可采用适乐时 500 倍液，或倍保 750 倍液，或 96% 恶霉灵 3 000 倍液，与农用链霉素 1 000 倍液混用（可兼控制细菌性烂根）。或 99% 恶霉灵 3 000 倍液与米达乐 500 倍液（可兼控制根部疫病的蔓延）混用。

（六）菌核病症状和防治方法

菌核病多发生在地势低洼、阴坡或山下坡等湿度较大的地块，主要为害人参的根部。该病通常发生于 4 年生以上的参根，主要危害芽苞、参根和根茎部位。根部被感染时，根的内部呈软腐状，患病初期，根的外部会生少许白色绒状菌丝体，之后逐渐形成形状不规则的黑色鼠粪状菌核。患病后期内部组织消失，只剩下外皮。该病很难在患病早期识别，而且蔓延极快，患病前期地上部分几乎和健康植株一样，而当植株开始表现为枯萎时，参根早已经腐烂不堪。该病通常在土壤解冻前至出苗期间为旺盛期，6月以后基本停止。容易发生于春、秋季低温多湿时及地势低洼、排水不良、透气性差的地块。该病蔓延后可造人参成片死亡。

防治方法如下。

1. 田间管理

栽参应该选择排水良好，地势高燥的地块，提前挖好水沟，防止桃花水，提早松土。

2. 安全用药

易发病区土壤的消毒可用恶霉灵 500 倍液，或倍保 500 倍液。或贺青 500 倍液浇灌畦面，每平方米用药液 0.3kg，结合雨水均匀施入。

发现病株及时拔除，后用 K-波尔多 100 倍液消毒病穴；病穴周围用贺青 500 倍液灌根。移栽前用上述药剂处理土壤可起到防病作用。

（七）炭疽病症状和防治方法

炭疽病一般在老参区发病较重，新参区相对较轻，该病主要危害人参的幼苗和成年植株的叶部。该病主要感染叶，其次是茎和果实。感病初期叶上呈现出小圆形的暗绿色斑点，随后逐渐扩大。斑点边缘呈黄褐色，中间为黄白色，薄而透明，易碎成洞。病斑通常是直径为 2~5mm 的小型斑，最大可达 15~20mm。严重时叶斑多而密集，叶片常会连同叶柄一起从植株上脱落。患病严重的植株，叶片可能全部脱落，植株瘦弱，无法正常生长。该病全年皆可发生，7~8月为旺盛期。空气湿度大的雨季有利于该病的发生和蔓延。10~30℃有利于该病的发生，最适宜温度为 25℃，10℃以下的秋季停止发生和蔓延。

田间管理：及时遮光，光照过强，容易发生本病。

药剂防治：可选用斑绝 1 500 倍液，或世高 1 500 倍液，或阿米西达 1 500 倍液，或倍保 7 500 倍液，或鲜清 1 000 倍液，或靓剑 1 500 倍液等，与天达参宝 600 倍液混合喷施防治。

二、人参主要虫害的防治

（一）金针虫为害症状和防治方法

金针虫又称为叩头虫。较常见的是细胸金针虫和沟金针虫。春季幼虫会咬食人参根部和嫩茎，使植株倒伏而死。4 月解冻后，金针虫开始活动，通常在地势低洼、土壤潮湿肥沃的地块较多出现。8~10℃的床土温度为金针虫活动的盛期。金针虫幼虫可以在水平和垂直的方向上移动，咬食参茎和参根，引起植株的枯萎和死亡。

防治方法：整地做床时，用辛硫酸磷乳油 700 倍液或敌百虫 700~1 000 倍液对土壤进行浇灌消毒。也可用 0.05% 或 0.1% 的敌百虫粉剂配成毒土进行药杀。出苗后如果发现害虫为害，可将谷子煮至半熟，捞出晾干，拌入 5% 的红矾撒入床面进行毒饵诱杀。可用马灯、黑光灯或电灯诱杀成虫，灯下放置盛水的容器，水中滴少量煤油。用 5% 辛硫磷乳油与种子按照 1:1 000 比例搅拌。用 75% 的辛硫酸 700 倍液或 90% 的敌百虫 1 000 倍液，浇灌受虫害的植株根部。毒饵诱杀，将 5kg 麦麸炒香后，拌入 50g 氯丹乳油和适量水，傍晚撒到害虫出没的畦面进行毒饵诱杀。

（二）蝼蛄为害症状和防治方法

蝼蛄又称土狗或地拉蛄，若虫和成虫均可咬断参苗，成虫主要危害人参苗。成虫从 4 月下旬床土化冻后开始活动，5—6 月是成虫活动的旺盛期。成虫主要在夜间活动，咬食参根和幼茎，白天则潜伏在土中，并在参床内钻许多孔道，使参苗与土壤分离，枯萎死亡，该虫一般在地势低洼和土壤湿润肥沃的地块发生比较严重。

防治方法：用腐熟的农家肥作基肥。要做好土壤的处理，最好使用隔年土播种栽参；对于低洼潮湿和新开垦的荒地及伐林地，每平方米土壤撒入 150g 烧熟的苏子和 2g 敌百虫的混合物，然后再播种或移栽。用烧熟的麦麸 5kg，加 5kg 水、50g 氯丹乳油或 1.5%

1605 粉 1kg 搅拌均匀，进行毒饵诱杀。最好在下午 4~5 时后，一小撮一小撮地撒入畦内，诱杀成功率较高。

（三）蛴螬为害症状和防治方法

蛴螬又称百地蚕，是金龟子的幼虫，主要为害人参的幼苗和参根。蛴螬从每年 6 月中旬开始活动，在土壤中咬食参根和人参幼茎，可造成严重的缺苗断条。从 7 月以后，潜入地下化为蛹。

防治方法：每平方米土壤施用 10~15g 敌百虫粉，将敌百虫粉和细土按 1∶30 的比例拌匀，撒在土壤表面，然后倒细做床；出苗后虫害发生严重时，可浇灌敌百虫 700~1 000 倍液，杀害率较高。

（四）地老虎为害症状和防治方法

地老虎又名切根虫或截虫，可对人参造成危害的主要有小地老虎、黄地老虎和大地老虎 3 种。该虫分布较广，且食性杂，幼虫主要为害人参的参茎和参根，常将嫩茎从距离地面 3cm 左右处咬断，之后转株继续危害，可造成严重的缺苗断条现象。幼虫一般在 6 月中旬至 7 月中旬开始活动，昼伏夜出，咬食参苗。地势低洼的地块发生较重。

防治方法：将 2.5% 敌百虫粉剂 1kg 与 15kg 细土均匀混合，制成毒土，在下午 4 时左右撒入人参行间，杀害效果较好；把炒熟的豆饼 2kg 与 2.5% 敌百虫粉剂 1kg 混合，加水拌匀，制成毒饵，一小撮一小撮地撒入参行间，诱杀成功率可达 90% 以上。

三、人参主要非侵染性病害的防治

（一）冻　害

人参的地下器官（包括主根、芦头、芽苞）在休眠期间能耐 −35~−40℃ 的低温，在东北的自然条件下，健全的人参地下器官能够安全越冬。但是在人参栽培过程中，每年春季常有不同程度的缺苗，除了由于其他伤害之外，主要是冻害所致。人参受冻害后，会烂芦头、冻破根皮，一捏一股水。秋栽第一年越冬的参苗受害较重，春季一般缺苗 10%~20%，个别严重的参床可达 60% 以上（图

2-19)。

图 2-19　人参冻害

1. 产生冻害的原因

（1）温度。秋季人参地下器官在茎叶枯死后就进入休眠，对低温的来临能够适应。但是，当秋天结冻之后，天气突然变暖、气温升高，土壤解冻到参根，加上下雨或化雪，土壤水分增加，然后气温又急剧下降至0℃以下，这样一冻一化，则造成人参冻害。

早春，当地温回升到4~5℃时，芽苞开始萌动，这时的土壤湿度也较大，只有温度稳步上升才能满足人参生长的需要。这时人参的抗寒能力很低，如果遇到突然剧烈的降温，超过其所能耐受的极限时，幼芽首先受害，开始萌动到尚未出土的嫩芽受寒害后，呈黄褐色或黑褐色，枯萎而死。受害较重的，芦头软化，最严重的，主根软化脱水。据调查，当温度降至-2℃时，人参芽苞受害，降至-8℃时，参根腐烂，呈水渍状，软化。受害轻微的，芽苞或芦头未枯死，或早或晚还可能出苗，但这种受冻参株的生活力很弱，易受土壤中兼性寄生菌的侵害而腐烂死亡。在早春因受寒害而缺苗较多的参床中，生育期间因地下器官腐烂而死亡的参株也较多，说明寒害除了造成早春缺苗外，还可以引起生育期间参株的烂根、死亡。已经出土的参苗遭到霜冻时，叶片卷缩，生长停顿，受害轻的能逐渐恢复，但部分叶片可能不能完全正常展开而呈畸形。

（2）土壤水分。土壤水分过大，能加重参根冻害，尤其是秋季栽参后和早春出苗前（秋末春初冻融交替时）出现的大量降水天气，使大量降水在参根附近随降随结冻，更能加重人参冻害的发生。

早春，如果参床内的土壤水分过大，参床下面的土壤未化透，床内的水分渗不下去而停留在栽参层内，由于参根吸水，则降低了自身的抗寒能力，如果夜间土壤温度降至 0℃ 以下，人参就要出现冻害。对农田栽参的受害地块进行测定表明，栽参层的含水量直接影响人参受冻害的轻重。清除参床上早春和晚秋站不住的雪，能减轻人参的冻害，在 1976 年早春，伊春县一参场下了一场 80cm 厚的雪，参农怕春旱，把作业道的雪也全扬到参床上，结果新栽人参全受冻害，未往参床上推雪的人参则安全无事。

（3）参菌健壮程度。对新栽受害地块检查发现，参苗大、参苗健壮，对冻害的抵抗力强；参苗小、参苗较弱，对冻害的抵抗力弱。

（4）土质。土质状况对人参冻害影响很大，砂土颗粒较粗，床土疏松，受阳光照射昼夜温差大，有暴冷暴热的特性；黑土质地较紧实，对气温变化有缓冲作用。因此，同样的参苗，栽植在砂土中受害较严重，栽植在黑土中则受害较轻

（5）地势。地势高的地方人参冻害轻，地势低的地方人参冻害重（据于得荣 1974 年在左家调查，地势高的地块受害率为 51.5%，地势低的地块受害率为 90.9%）。这是因为地势低洼，土壤湿度大，高处的冷空气又都向低地流动，所以冻害较重。另外，参床的部位与人参冻害也有关系，向阳迎风的床头、床帮和迎风口处冻害均较重，其他部位较轻。

（6）栽参操作粗糙、防寒措施不完善。这也是加重冻害发生

的原因之一。

2. 冻害的预防

用旧苇帘加落叶覆盖能提高出苗率和保苗率，尤其对新栽第一年的出苗和保苗可提高近 30%。有覆盖处理的参床，前檐和后檐的人参缺苗数显著减少，原因是苇帘宽度比参床前、后檐各宽20cm，床帮也起了防寒作用。有覆盖处理的参床，在早春人参未萌动前能控制栽参层的温度，避免一冻一化的影响。

有覆盖物处理的栽参层早春温度（未撤防寒物之前）始终在0.5~3℃变化，没有覆盖的参床栽层温度容易受外界气温的影响，其温度在 0~4℃变化，这样一化一冻使芽苞鳞片冻坏，须根脱落，人参发生"缓阳冻"。"缓阳冻"的主导因素是温度，若能设法控制早春和晚秋栽参层温度的骤然变化，就能防止冻害的发生。施行床面覆盖是避免参床温度较大幅度变动和预防人参"缓阳冻"的切实可行的方法，这种方法对新栽参的参床更为重要（图2-20）。

图 2-20 覆盖人参床面

春栽可以躲过"缓阳冻"。秋栽时要尽量晚栽，以上好防寒土后就接近封冻为宜。因为栽参时期晚，栽参层的温度在-1~0℃变化，土壤温度随天气逐渐寒冷而逐渐降低，躲过了晚秋的"缓阳冻"威胁；如果栽参时期早，则土壤温度白天达 5~6℃，而早晨在 0~1℃，昼夜温差大，参苗易遭冻害。为了防止秋末春初冻融交替时出现大量降水而影响参根，可在防寒物的上面或下面加铺塑料薄膜。

（二）根　裂

根裂是主根纵裂，一般发生在秋季和早春出苗之前，被害率 5%~15%。发生根裂的原因是水分失调。秋季，如果土壤水分过多，积累物质的薄壁组织膨压过大，外皮组织的生长不能与之相适应，就会发生胀裂。早春，一般比较干旱，解冻后土壤水分散失很快，如果越冬之前土壤水分多，则参根充分膨胀，加之早春撤除防寒物之后对保墒注意不够，土壤湿度迅速下降，引起参根外皮迅速失水收缩，而内部组织含有大量贮存物质，渗透压较高，并有外皮保护，失水收缩较慢，因此外部破裂。早春检查参根可以看到新发生的洁净的开裂，并且可以见到裂口暴露之后由于更快地失水收缩作用而使裂口更加扩大。此外，久旱之后如遇骤雨也能引起人参根裂。

在良好的条件下裂口能在生长期中形成愈合组织，但是裂口易感染病菌引起烂根。防止根裂的关键在于控制土壤湿度，晚秋土壤水分不宜太多，早春要注意保墒，干旱时适当浇水，雨季注意排水。

（三）日灼病

人参是喜阴植物，人参叶片是对光照最敏感的器官。其叶片上的气孔按单位面积计算比一般大田作物少得多。在光照过强的情况下，气孔闭合，蒸腾作用不相适应，叶片温度过高，叶绿素首先受到破坏而减少，出现病态。受害较轻时，叶色浅绿带黄，如时间不长，能逐渐恢复正常颜色；如果强日光直射时间过长，叶片则出现大小、形状不等的灼斑，起初是黄白色，后变成黄褐色，组织焦枯变脆，叶片脱落，而根部仍正常。高温干燥的气候条件能加重受害程度，严重时，地上部完全枯死。参龄越小越易受害，生育前期比后期易于受害。据黑龙江中药研究所观察，光照强度达 8 万 lx 以上，人参叶温超过 33℃ 以上，连续两天就会发生日灼病（图 2-21）。

图 2-21　日灼病

　　光照过强不仅直接影响人参的正常生理功能，破坏组织，也会削弱植株的生活力和抗病力，使其易受病菌的侵害。例如，人参黑斑病、炭疽病的侵染危害在光照过强的情况下往往更加严重。因此，在栽培中要采用插花和挂面帘、加宽参棚等措施调节光照。

（四）红皮病

　　人参红皮病也叫水锈病，在农田种植人参发病较高，部分地区发病率达 40%～50%，能极大地影响人参的产量和质量。患红皮病的人参，须根枯死，参根变色，轻者带黄色，在土壤条件改善时可逐渐恢复，地上部无任何症状，重者病根呈黄褐色至暗红褐色，表皮组织变粗、变厚、变硬、变脆，并有裂纹，根随后腐烂，茎叶黄萎干缩死亡（图 2-22）。

图2-22　红皮病

防治方法如下。

选择地势高、排水良好的参地，避免使用低洼积水的地块栽参。使用隔年土，经多次耕翻晒垡，使土壤充分腐熟，有利于二价铁离子氧化成三价铁离子，可杜绝或减轻红皮病。

低洼易涝地要作高床、勤松土，以减少土壤水分，提高土壤通透性。同时，要经常清理排水沟，避免参地积水。黑土掺1/4~1/3的活黄土，可改善土壤物理性状，减轻红皮病的发生。

（五）药　害

触杀性药害症状多表现为叶片灼伤斑，多因超浓度喷施代森铵、误喷伪劣代森锰锌及喷施克无踪漂移等造成。内吸性药害症状多表现为叶色和植株长势改变，早期落叶以及根部腐烂。

第十节 采收和加工

一、人参的采收

人参生长至做货年限要及时采收。确定人参收获期，要根据每年的气候特点、生育状况、鲜参产量、有效成分含量及加工品外观品质等条件来确定。一般以鲜参产量好、人参皂苷含量高、加工后出干率高、品质好为标准。我国各参区的环境各不相同，因此收获期也有差异。一般经验是：当人参植株茎叶枯萎率达50%左右，茎秆见空，人参肩部皮色呈淡黄色或白色，浆足质实时即可收获。

收获方法是：收获时先拆除参棚，把拆下的棚料分类堆在作业道上，以备再搭棚时使用。参棚拆除后用镐或二齿子将床头、床帮的土刨起并撒到排水沟旁，然后从床的一端（多从下端）刨挖，将参取出，抖去泥土，装筐运回加工。刨参时注意不要损伤参根、参须和芽苞。每天起收的数量视加工能力而定，一般是加工多少起收多少，严防一次起收过多，堆积在库房，4~5天还加工不完，堆放时间过长，加工红参易出现黄皮或抽沟，不仅出货率低，而且产品质地不坚，易吸湿变软。试验结果表明，1 500 kg的鲜参存放12天与存放2天相比少出红参4kg（图2-23）。

图2-23 采收人参

二、人参的储藏

人参在采收后，为了能够长久保存不变质、药效不流失和使用方便，通常要经过加工才能推向市场。这是因为：一是人参在刚采收后，参根还粘有很多泥土和土壤微生物，也易沾染害虫的虫卵和幼虫，这些微生物利用参根中的大量淀粉、多糖和其他糖类作为营养进行生长和繁殖，从而导致参根腐烂，幼虫蛀蚀参根。二是人参参根中存在着水解皂苷和水解酶，在温度为 35~37℃ 时酶的活性最强，它可将人参主要成分皂苷被水解破坏，从而丧失药效。三是鲜人参在堆放过程中，呼吸作用仍在进行，即消耗葡萄糖，生成二氧化碳和水，放出热量。人参的单糖和淀粉水解生成的葡萄糖被呼吸作用消耗掉，即人参"走浆"。参根在呼吸过程中放出热量，即发生"烧热"现象。走浆后的人参加工后必然干瘪抽沟。四是人参中的氢氧化酶可使葡萄糖发生酶促反应，生成葡萄糖醛或糖醛酸，葡萄糖醛酸与酚类物质化合产生有色物质。产生的有色化合物使人参变色，特别是须根明显，这就是俗称的"烧须"现象。五是在传统的中药处方中一般不直接用鲜参，而选用不同的成品参。成品参比鲜参易保存，能符合药用标准和商品规格要求，便于应用。

三、人参加工技术

人参的加工技术大体有 3 个层次，一是初加工技术，使人参利于保存、不变质、保持药效即可，大多制成大包装产品。成品参大致包括：红参、生晒参、白参、糖参、大力参和活性参及保鲜参等。二是在初加工基础上，再次加工制成定型参、参片、参粉等产品，大多为小包装产品。其商品包装精美、有利于使用，其成品参主要是精品红参系列精加工产品。三是对人参有效成分皂苷等物质的提取及应用工艺技术。

（一）红参加工技术

红参是商品人参的主要品种之一，红参加工是使参根蒸熟后，破坏人参中的水解酶、氢氧化酶、淀粉酶、麦芽糖酶，这样既能防止人参皂苷水解，又能防止参根中淀粉被水解而糖化。这是因为参根中的淀粉经蒸熟而糊化，再经烘烤使糊化反应增强，淀粉便由白糊精变为红糊精，使参根变红。当参根烘干后，红参能较长久地保存不变质。

我国红参产品一般用普通参、边条参制成。种类很多，常见的初加工产品有普通红参、边条红参、全须红参、红参须等；再加工产品有长白山红参、新开河红参、红参片、红参粉等。

1. 红参的初加工技术

红参初加工工艺大致流程：浸润→清洗→刷参→分选→精洗→蒸制→晾晒→高温烘干→打潮→下须→低温烘干→分级→包装（图2-24）。

图2-24　红参的初加工

（1）浸润。浸润方法有2种。一是将鲜参根装入竹筐内，直接浸入清水中，时间为20～30分钟。此种方法浸润均匀透彻，但浸润时间较长，易损失参根内含成分。第二种方法是喷淋浸润，即将鲜参放在参帘上，厚度不超过20cm，水通过管道、喷嘴形成中雨量的人工雨冲洗参根5～10分钟。此种方法便于自动化作业。

（2）清洗。用清水将参根上的泥土洗掉，生产规模较小的加工厂可采用人工清洗法，大型加工厂可采用滚筒式洗参机、高压雨水状喷淋冲洗式洗参机、超声波洗参机等清洗。清洗工序主要技术要求是洗净鲜参表面上的泥土、污物，保持参根根须、芦等的完整性，并且不允许损伤鲜参外表皮。

（3）刷参。经清洗后，鲜参根上的泥土基本洗净，但芦碗、病疤和支根分叉处仍残存些泥土，需进行人工刷洗，刮去病疤，刷净泥土，使参达到洁白为度，但不要刷破表皮和碰断支根。

（4）分选。根据鲜参质量和商品要求，将彻底清洗干净的鲜参进行分选，分别挑选出适合加工各种商品参的鲜参原料。加工边条红参的原料标准：根呈长圆柱形，体长而匀，芦长，腿长而少（2~3条），浆足体实，无破疤，无断腿。加工普通红参的原料标准：根呈圆柱形，浆足体实，无破疤。

（5）精洗。将分选出的鲜参根，用过滤消毒的水简单喷淋，以淋洗掉分选过程中敷于参根表面上的脏物，同时还可以保证鲜参蒸制前体内适宜的水分。

（6）蒸制。蒸制是红参加工过程中的重要环节，对红参质量有决定性影响。蒸制时间过长，温度过高，加工出的红参色泽发黑，重量减轻；蒸制时间过短，温度过低，加工出的红参色淡，生心，黄皮。因此，蒸制时控制温度和时间是非常重要的。

采用蒸参机蒸制人参，温度和蒸汽压力可以自动控制，使用方便，工作效率较高，蒸参帘在蒸参机内的摆放，应有利于蒸汽对流传导加热的均匀性。一般是一层一层摆放，类似于砌墙，蒸参帘间距为2cm，层与层间隔1cm。摆好后，将最上层蒸参帘用洁净棉布垫盖上，以防蒸汽水流入蒸参帘内。蒸制过程由升温升压、恒温恒压和降温降压3个阶段组成。升温升压过程主要由蒸参机大小、结构确定，对红参质量影响不大。但是，从温度升至80℃时起，达到恒温的时间不能少于15分钟，也不能超过30分钟，否则会影响红参质量。恒温恒压过程，对红参质量有决定性影响。一般恒温温度为98±1℃，不宜超过100℃和低于96℃。恒压过程一般应比恒温过程提前15分钟，即在升温后期（约90℃）已开始进入恒压阶段。恒压压力为200~400kPa。实验证明，压力波动范围在±50kPa之内，对红参质量无不良影响。恒温恒压时间一般为150分钟。降温降压过程即温度由 98℃降至 85℃的过程。此过程要求十分缓慢，降温速度一般不应超过每分钟 1℃。机内正压力由 400kPa 降至 0Pa 的时间不应少于 15 分钟，降压太快会造成参根破裂。当温度降至 80℃以下时，可以加快降温速度，打开机门强迫降温。蒸参机内的蒸参水应经常更换，一般每蒸制 2 次更换一次新水。蒸参水的 pH 值应为 7±0.1，不能低于 6.8，呈酸性的蒸参环境会破坏人参体内所含成分及降低红参物理性状指标。

（7）晾晒。将蒸制好的参根摆放于晒参帘上，置于日光下晾晒。晾晒时间不能少于 4 小时。一般是白天晾晒，晚间烘干。这样可以加快人参干燥速度，改善红参色泽。

（8）高温烘干。烘干是影响红参质量的关键工序。烘干方法很多，目前最理想的烘干方法是远红外负压烘干法。一般高温烘干的最适温度为 70℃。如果温度超过 70℃，会使红参表面颜色变黑，外表失去光泽，断面透明度减弱；温度过低，失水速度太慢，可使参根略呈酸性，严重时酸败，影响人参内含成分转化，致使三醇型皂苷与二醇型皂苷的比值降低，影响红参特有的药效作用。高温烘干的时间一般为 5 小时，如果因天气不好未能晾晒或干燥室湿度过低，可适当延长 1 小时。高温烘干初期，失水速度很快，应注意排风，一般每隔 15 分钟排 1 次，每次 3~5 分钟。当烘干 2~3 小时以后，排风时间间隔可为 2~3 次/小时，每次 5 分钟。如果排风时间间隔太短，会使参根干燥速度过快，而导致浆气不足的参根表面抽沟，主根断面呈不规则圆形，降低红参质量。

经高温烘干后，参根大量失水，主根含水量约 45%，艼须和中尾根含水量约 30%，须根含水量仅达 10%~13%。

（9）打潮。经高温烘干的人参，支根及须根含水量较少，易折断，不便于实施下道工序，因此必须打潮软化。打喷雾状温水浸润法：将经煮沸消毒的温开水用喷雾器直接喷雾于人参根上。此种方法工作效率高，浸润彻底，但因参根各部位含水量不一，易造成浸润不均。

（10）下须。将打潮软化后的人参，用剪子按标准要求下须，既要符合标准，又要讲究美观。首先剪掉主体上的毛毛须。在修剪须根时，较细的须根应短留，较粗的须根应长留，一般要求须茬直径为 3mm 为宜，这样留下的须根虽然长短不一，但粗细匀称适中。芋须应从基部 5mm 处剪掉。剪下的须根，按长短、粗细分类放置，并且按商品要求捆成小把，以备加工各类红参须。

（11）低温烘干。将剪完须的参根，按大、中、小分别摆放于帘上，置于干燥室内进行低温烘干。为使参根各部位内的水分扩散速度与干燥失水速度相近，以便保证整体参根干燥均匀，干燥室内的温度应控制在 30~35℃ 范围内。在这样的温度下，参根缓慢失水干燥，直至含水量降至 13% 以下为止。当烘干室内温度超过 40℃时，会造成参根各部位干燥程度不均，过分干燥的主根尾部、中尾须、芦头因完全失水而色泽变黑，呈焦煳状，主根表面抽沟，截面不整齐。

（12）分级包装。将加工完毕的红参，根据商品要求，按照规格、等级标准，进行挑选配支，应做到规格合理，等级准确。按红参规格、等级分别进行包装。初加工制品都是大包装。有条件的厂家可进行精加工，采用小包装，以提高红参经济效益。

2. 红参精加工技术

虽然不同厂家的红参精加工产品各有特色，但其加工方法大致相同。其基本加工工艺流程是：选料→配支→浸润→软化→单支造型→总体造型→保压→定型→烘干→风洗→贴体装封→铁盒包装→外包装。

（1）选料。原料红参条形顺直，长度达边条参标准。颜色浅棕红，芦、主根、中尾完整，外表无疤痕，无破裂，无黄皮、白皮、锈肤皮，无抽沟，内含充盈，颜色统一性好，有光泽。精制小包装红参的原料参质量应从严控制。

（2）配支。按不同规格、单支重量和具体支数规定，进行合理配支。在配支时，单支重量误差应控制在 10% 以内。当发现支数正确而总重超重时，要挑出较重人参，换上单支轻的人参。每次调整至少应 2~3 支以上，不允许一次仅换一支，这样才能保证大小均匀。原料参分选时水分含量最好达到 13%，如果水分含量超标，而加工任务又很急，也可以在水分含量超标情况下分支。但一定要用卡式水分测量仪测出实际水分含量平均值，减去 13% 标准水分含量，得出的是超过部分的含水率，在分支时加入相应重量。例如，拟加工 100g 规格品种，实测原料红参水分含量为 18%，实际分支计重时，单件产品重量大约应控制在 105g，这样才能保证成型烘干后重量足。

分支时，要对原料红参作适当修剪，挖尽芦头顶碗内的茎痕，以免影响产品美观。若红参无芦，要配上与红参大小相应的芦。修剪中尾时，只能保留 1~2 条，要将多余条数剪去。中尾长度超长、过细，都要适当修剪。选配过程中要再次对红参质量进行检查。不符合质量要求的红参严禁混入。最后，将选配好的参，按不同规格分别装入布袋中。

（3）浸润。浸润方法有 3 种：将人参以单件为单位放入罩帘内，再放入凉开水内浸没 1~2 秒，稍控干（无滴水），即放入布袋内，浸润水温度不能超过 50℃；将布袋单层摆放在参帘内，用一均匀雨状水喷洒，以布袋均匀湿润无滴漏为好；将人参从布袋内取出，分隔均匀摆放，取白棉布浸入凉开水或开水中，拧半干，覆盖在人参帘上，湿盖布与红参不直接接触，8 小时后完成浸润。上述方法各有优缺点。第一种方法效率高，浸得均匀，但或多或少损失少量有效成分；第三种方法人参成分损失较少，但效率低，不易浸润均匀。第二种方法介于两种方法之间。无论何种浸润方法，都要注意将浸润后红参水分含量控制在 25% 左右，不宜超过 30%。这可以用称重法检查。干燥的人参浸润时间要相对长一些。浸润时不要丢支、丢芦，不要混包。这主要是为了防止单件重量出现误差。有的品种还在浸润水中加入增香剂（主要是指参露水），配其他中药增强疗效，但一定要用文字加以说明。

（4）软化。软化在汽热或电热式专用不锈钢蒸箱中进行。将浸润好的红参放入棉布袋中，扎紧布袋口，放入蒸参专用木制帘内，在100℃温度以内熏蒸15分钟。人参放入蒸箱以前，蒸箱内温度最好已达80℃，以便使人参放入蒸箱后增温快，3～5分钟箱内温度达到95℃以上。在95～98℃停留的时间最长不宜超过15分钟。软化后红参水分含量应为30%～35%，最好为30%。超过35%，会影响产品拆支性，也不容易在压制时保证条形完整。软化时间应视红参分支时水分含量进行调整。如原来水分含量为13%，可用上述条件。如原来水分含量高于13%，则要适当缩短软化时间。如水分含量为20%，软化时间可用10分钟。软化质量检查最简单的方法是，手拿红参，于主根部很容易弯折90°且不断裂。若弯折困难，说明含水率和温度不够；弯折断裂，则说明含水率太高。

（5）单支造型。选用宽为90～100mm的模具，每次单支造型数量，按红参重量计算为100g。先将模具内铺垫好无毒薄膜，再将每支红参肩对齐、芦头上翘并紧顶模具堵头，并排紧密摆放于模具内，挤紧后盖严薄膜，置于全自动循环工作压力机上进行单支造型。将压力机的工作压力调到0.25MPa，保压8～10秒。取出后检查，芦头缩成圆球或方块状，主根截面呈不规则矩形，无任何表面破裂，无伸长变形，人参原来形状清晰可见者为最好。造型时如果人参水分含量接近35%，应降低压力至200kPa。水分含量达不到30%，应将压力机工作压力增加至350kPa，甚至400kPa。也可以根据人参形变是否过分激烈或不足来调整工作压力大小。只要软化条件规范，压力大小一般不用频繁调整。在模具内一次摆放人参不足100g，也常常会使人参形变过量。这是因为总压力不变时，人参支数减少，单支人参承受的压力增大造成的。所以操作人员一定要规范作业，尽量排除人为干扰。

（6）总体造型。首先要根据不同产区人参不同特点，设计选用不同形状的模具。模具形状设计的最基本要求是使人参受压均匀，总体成型后的人参密度分布均匀。总体造型时，首先在模具内铺以塑料薄膜，然后根据不同品种、不同规格成品参对层数及每层支数的要求，将参摆放于模具内。摆放时，要求肩对齐，芦头上翘，上层和下层支数一致，芦头方向一致，参与参之间不留空隙且不允许夹入塑料薄膜，各层间支头大小应均匀搭配。摆装好后，盖严薄膜并盖上凸模，放在压力机上压形。压力大小为250~400kPa，保压时间为8~10秒。取下模具，拆下凸模，小心扯开塑料布，观察人参肩是否对齐，芦头是否缩紧，参条之间是否互相叠压交连，尤其是较长中尾是否交连在一起。如发生上述情况，用医用镊子或小不锈钢螺丝刀小心拨开。调整后，再将原来的塑料布展平，压制。

（7）保压。总体成型后，将人参连同模具立即放入保压机中保压。保压的目的是为了克服人参的恢复性形变，请参阅本章第四节有关内容。保压环境温度为15℃，不允许超过20℃，但不宜低于10℃。过高会大大延长定型时间，过低会使参体温度与烘干室温度差距变大，容易变形、散块。保压机的工作压力约为350kPa，一般不需要经常调整。保压时间4~6小时。

（8）定型。保压完成后，将模具拆开，小心取出人参块，整齐平放在烘干帘内，置于环境温度15℃、相对湿度70%、通风良好的室内。定型时间为4小时以上。定型的主要作用是人参进入烘干室前尽量在较凉情况下降低水分含量。压得过紧的人参，通过定型失水，可适当产生恢复性形变，改善可拆支性。压得过松的人参，定型过程会使参块上层翘起、散支，可以适时利用白棉宽带将参块两头及中间绑扎，防止烘干时进一步变形散块。定型时，人参完全暴露在空气中，并且所需时间长，环境务必清洁，不能产生任何污染，否则会大大降低人参卫生指标。

二次加工后的精制红参只能在低温下烘干，适宜温度为30℃，最高不宜超过35℃，否则会发生严重形变、散块。烘干温度低于30℃，会大大延长烘干时间。600g小包装的精制人参烘干时间为

6~7 天，100g 的仅需 2~3 天。烘干环境相对湿度通过排风调节，以 70%~80% 为好。应采用远红外负压烘干法。人参块较厚，采取其他方法烘干会使里外水分含量差异过大。

（9）贴体装封。将干净的人参块装入复合塑料袋中，抽空后热封合。塑料袋封口宽度最好大于 5mm。要求复合膜无菌无毒，紧贴住人参块，隔离空气。塑料袋封口后静置数分钟，如果不再贴体，说明复合膜袋密封不好，应重新密封。

（10）铁盒包装。装封后的人参，先放入纸盒或木盒中，再连同说明书插入彩印铁盒，然后利用铁盒封口机专用设备封口。封口线截面呈扁椭圆状。

先将铁盒用柔软白纸包裹，再立放于纸箱中。100g 或 600g 等规格精制小包装人参，每纸箱都包装 40 件。铁盒外焊接、粘贴、卡入开启钥匙。铁盒堵头要印压上净重、规格、支数及出厂年、月。外包装纸箱堵头上标识厂名、品名、件数、出厂日期、净重与毛重、规格、包装箱外形尺寸等。文字应用规范化汉字，不宜手写。

（二）生晒参加工技术

生晒参在我国成品参应用中历史最为悠久，目前主要产品有全须生晒参、普通生晒参（也称支头生晒参）和生晒参片。加工生晒参是靠干燥的方法，使参根失去水分，抑制酶的活性，以防止人参皂苷水解、人参霉烂变质及保持药效。

全须生晒参工艺流程：选参→洗刷→日晒→熏蒸→烘干→绑须→分级→装箱

普通生晒参工艺流程：选参→洗刷→下须→日晒→熏蒸→烘干→分级→装箱

1. 选参

将不适宜加工成红参的个大、体短、须多、根形不好、浆气不足的鲜参以及须少、腿短、有病疤的鲜参选用来加工生晒参。其中，体大浆足、须芦齐全、无破疤的鲜参可用于加工全须生晒参。

另外，山参一般加工成全须生晒参。

2. 刷洗

用洗参机刷洗参根，使其达到洁净为止，去掉污物、病疤，但不要损伤表皮。

拟加工成普通生晒参的鲜参，经清洗后还要下须，除留下主根上较大的侧支外，其余全部下掉。

3. 晒参

将刷洗干净的鲜参，按大、中、小分别摆放于晒参帘上，置于阳光下晾晒 1~2 天，使参根大量失水。

4. 烘干

将熏蒸后的参根，放于温度为 30~40℃ 的烘干室内进行烘干，每隔 15~20 分钟排一次潮气。烘干温度过高，会影响成品参的色泽。在烘干过程中，可向参根适量喷洒 45℃ 左右的温水，以保证主根内外一起干，避免抽沟。烘至参根含水量为 13% 以下时，便可达到成品参含水量要求。

5. 绑须（指全须生晒参）

用喷雾器喷雾须根或用湿棉布盖在须根上，使其吸水软化，以便于整形绑须。绑须时，用白棉线捆绑于须根末端，使其顺直。此后，再干燥 1 次，即成商品全须生晒参。

（三）大力参加工技术

大力参又称汤通参或烫通参，是将新鲜的人参用沸水浸煮或汽烫后晒干而成。其质地坚实，表面呈黄白色，有纵皱纹，断面角质样，黄红色，皮层与髓部之间有明显的黄色环，味苦而甘。具有与生晒参相近的特点，但选料较生晒参为优。由于煮烫能使人参所含的淀粉糊化，酶类受到破坏，因而在质地坚实、耐贮藏方面优于生晒参。其加工工艺流程：选参→洗刷→下须→烫制→干燥→分级→包装

1. 选参

对加工大力参的原料要求比较严格，应选择参根大小一致、浆

足、皮嫩、主根不宜过粗且具有 2 条侧根、无病疤、无伤痕的鲜参为原料。

2. 洗刷

彻底清洗，刷至洁白为止，但不要把参根外皮刷破。

3. 下须

将主根和侧根上的须根及毛须全部下掉。

4. 烫制

烫制工序是保证大力参质量的关键工序，应严格掌握。目前，烫制方法有 2 种。将参根头向上腿向下按大、中、小分别装入筐内，置于 95℃ 热水中烫制。先烫主根下部的侧根，当侧根烫至变软时，再将主根按入水中浸烫。边烫边检查，当烫至侧根无硬芯，主根稍软，用手略弯折而不断，主根断面肉质熟化，颜色略深，木质部外缘颜色较浅时，取出立即放入冷水中冷却 3~5 分钟，使参根内部温度迅速下降至 60℃ 以下。影响烫制的因素较多，主要有参根直径、参根浆气、热源效率、投料量与用水量之比等，烫制时应予以综合考虑，随时观察人参熟化情况，以便确定最佳熟化度。

5. 干燥

采用烘干室干燥，烘干温度为 35℃，最好采用远红外线负压烘干法。烘干时间需 5~7 天，至参根含水量降至 13% 为止。

第三章 韩国农田栽参技术

人参栽培在韩国有悠久的历史，历代韩国利用现代科研成果不仅改进人工栽培方法，提高产品质量，使高丽参在世界人参市场上独占鳌头。而近年中国在吸取国际经验的同时，不断改进人参的传统栽培技术，使人参产量跃居世界第一。认真总结韩国农田栽培的经验，对提高我国农田栽参人参的质量和产量大有裨益。据韩国有关人参文献研究的部分内容，1123 年高丽仁宗元年试图山养参移植及栽培，宋朝徐兢著《宣和奉使高丽图经》中记述了高丽红参加工炮制的过程。朝鲜定宗元年（1398）高丽流民在松都地区形成参场，发展人参人工栽培。据《世宗实录》记载，朝鲜定宗十四年（1412）梁山郡守上疏文件，云"自古以来，岭南虽称为产参之乡，但由山参（野山参）资源尚缺及其价格昂贵为人民害，逐渐增产家种人参"（岭南地区指韩国庆尚道）。朝鲜宣祖三十九年（1606）颁布人参禁令，严禁把参（十支一把单位红参）制造、人参盗采及交易，为最早的人参加工、商业交易管理法。1650 年由于人参伪劣品增加，朝鲜朝廷强化人参质量检查。朝鲜萧宗十二年（1685）颁布人参禁令细节，禁止人参私卖及盗采。朝鲜英祖元年（1724）松都参场使用日覆式参农法。朝鲜英祖四十八年（1772）庆尚道山区参场大幅度增加，朝鲜崔文（1810）研究开城地区的参场环境，奠定了开城人参栽培技术，1908 颁布大韩帝国法律第 14 号红参专卖法。在 1908 年正式颁布大韩帝国法律第 14 号红参专卖法以来，人参产业法不断地完善有关人参行业的管理，人参产业法由韩国农业部和韩国人参公司联合执行，本法解释人参的各种术语及违法范围和法律责任等内容，规定了耕参地审批和人参统购、人参制造详细工程和其管理细则、人参质量检查、人参类产品的商标标记及人参产业振兴基金运用细则等。还包括了新品种供应、栽培技术培训、税务及贷款等参农优惠条款。1996 年 7 月 1日取消人参产业法中人参专卖项目，并取消白参计划种植生产、统购规定及红参的国家专卖，人参产业的民营化。韩国高丽人参商标使用权仍由韩国人参公司所有，红参产品必须通过人参公司的质量标准检测才可使用高丽人参商标。中韩两国栽培技术上的区别主要因栽培地区的地理位置和环境不同，有人参种子采种、催芽、播种、移栽时期及遮阴方式等不一。我国有必要借鉴韩国农田栽参技术以提高人参产量和质量。

第一节　韩国人参主要品种

韩国的人参农家品种以马牙系列为主流，有紫茎、青茎、红果、黄果、橙黄果等类型及天丰、年丰等 KG 系列新品种。韩国人参育种研究，从 1966 年全国参场中收集优质参株，在高丽人参试验场播种，开始选优育种研究。70 年代主要以系统筛选和特性研究为主，对 846 系统进行个体特性、转化相关关系、利用组织培养缩代、参株增殖、诱发突变、遗传资源的遗传鉴定等研究。80 年代开始对优秀品种系统地进行了地区适应试验，1986 年对 KG101～KG105 系列、1987 年对 KG106～KG109 系列进行检测。到了 1990年代初育种出 KG 系列品种，完成了适应性鉴定。韩国人参烟草研究院现存的人参系统约 900 余类型，其中 KG101（1972 年）和KG102（1968 年）通过个体选优、参株繁殖、系统分离、参产量鉴定、地区适应鉴定。1995～1996 年人参生产调查后，结束KG101、KG102 育种研究，1998 年正式登记新品种。目前，新品种对与韩国人参公司签约的参农，即红参园圃为先分配，后普及白参园圃。目前正在栽培的人参，其中大部分是本土品种，最近开发了天丰、连丰等 8 个品种，但是因为种子生产量少，短时间内增加新品种又有困难，所以向农户普及的业绩还不够理想。

一、主要品种

（一）当地品种

目前正在栽培的人参品种的大部分属于本土品种，也有栽培一部分黄熟种的。本土品种的茎部及叶柄呈完全的紫色，还有一部分呈混合色（紫色+绿色），果实成熟后呈红色。与此相反，黄熟种的茎部和叶柄均呈绿色，果实呈黄色。植物体属于混系状态，不均匀。

（二）天　丰

茎部的颜色只是在种苗参和2年生时呈紫色，4年生以上时茎部颜色只有基部才呈紫色。叶的形态呈稍微卷曲的样子，秋天枫叶红的时候叶子呈黄色稍带红色。果实颜色为橙黄色，根的主体为长长的圆筒形，体形优美，高级红参（天参与地参等级）的制造收率高，适合作红参制造用原料参，红皮病的发生偏少。和本土品种人参相比，开花结果率高，裂口率低一些。

（三）连　丰

茎部的长度短，茎部颜色为淡紫色。小叶数量多，从种苗参时期开始托叶较多。秋天枫叶红的时候叶子颜色为红色，果实颜色也是红色，茎是从4年生以上时期开始2个以上的多茎个体比较多。主体是粗短的圆筒形，属于数量大的高产型。

（四）高　丰

茎部颜色及叶柄颜色为深紫色，秋叶颜色为红色，花轴长度为中等。果实颜色是深红色，果穗形态为倒三角形。根部颜色为米黄色，出芽期中等。

（五）仙　丰

茎部颜色为紫色，秋叶颜色为红色，花轴长，果实呈黄色，果穗形状呈扇形。根部颜色是米黄色，出芽快。

（六）金　丰

茎部颜色为绿色，秋叶是红色，花轴长度中等，果实呈黄色，果穗形状呈扇形。根部呈米黄色，出芽期中等。

（七）仙　运

茎部颜色整体呈紫色，果实为红色，秋叶呈鲜红色，根部长度比天丰稍短一些，突出的特点是皱纹多。

（八）仙　原

茎部长度有些长，茎的颜色呈紫色，果实为橙黄色。叶柄短，呈丛生形。

（九）青　仙

茎部长度较长，茎的颜色整体呈绿色，果实和秋叶颜色为红色，出芽非常快。

二、人参新品种种子的生产及供给

目前人参不是按照种子生产系统制种，所以种子的纯度在下降，而且由于供应量不准，每年的价格变动较大，种子的供应也不及时，人参栽培农户至今还是主要依赖当地品种，因此迫切需要在政府主导下尽快确立新品种的种子普及供给体系。

（一）新品种培育

新品种的保持是由开发机构农村振兴厅直接进行栽培管理，在调查品种特性和种子产量的同时，保持纯度并加以扩繁。新品种保存方法是严格区分不同品种种子进行隔离播种并按照人参标准栽培方法进行栽培。3 年以上的人参的隔离距为 100m 以上，用以防止媒介昆虫有可能引发的混种，从而保持纯度。

播种后每年根据人参品种特性调查标准周密调查叶子形态等生长发育特性及高温障碍等情况，把握年度间的变异个体，选择纯度高的优良种子进行生产。种子生产原则上从 4 年生以上开始进行。

播种栽培新的人参品种，确立每年能够生产人参新品种种子的生产体系。首先是在新品种的管理上去除异形株、病株，正确实施特性调查，用以保持纯度。从已生产出的种子中精选充实饱满的种子，并与下一步的生产进入生产准备（图3-1）。

图3-1　韩国人参基地

（二）原种级

新品种高纯度的种子，随着采种栽培面积的增加，需要进行更加细心的集中管理。

原种级种子以道农业技术院为中心进行生产是最理想的。按品种隔离种植之后，和新品种的种植一样彻底去除具有以下特性的异形株（特性不同的个体及不良个体）和发病株（患病的个体）。

①在栽培相同品种圃场中开花期异常早或晚的个体。

②和其他个体相比叶子形状明显不同，茎部特别粗的个体。

③疑似患病或出现前所未有症状的个体。

④受到严重的虫害或者某种伤害的个体。

⑤茎和叶的颜色格外深、浅或颜色明显不同的个体。

⑥种子成熟不良或与其他个体相比迟缓的个体。

⑦收获当时果实的颜色与众不同的个体。

⑧其他被认为很特别的个体等。

按照上述方法生产的种子，经过彻底的精选过程成为普及品种。

（三）普及种

普及种生产阶段是把种子交给种植户之前最后的保持纯度及扩繁阶段，是过验证关口非常重要的过程。保持纯度增殖方法要按照和原原种、原种级生产过程相同的方法进行管理。随着种植面积的增加，选用排水状况良好、通风条件优越的圃场显得非常重要。

普及种生产管理的专门机构是农协中央会（人参组合），栽培管理要接受品种培育者及专家的指导。为生产优良的种子，1~2次/年实施参场检查和种子检查。已收获的种子要严格按照规格进行干燥、精选，让它们具备普及种的特性。

第二节　选地及休耕管理

一、选址的必要条件

选址的必要条件大体上可以分为形态特性、物理及化学特性。形态特性或物理特性根据人参的生长发育状态及产量情况的良好与否来区分为最佳地、合适地、可能地、低位生产地。而且，土壤的化学特性按照检定值的范围区分为合适、不足、过多，在允许范围之内的，可以稳定地生产人参。因此，土壤形态、物理特性属于低位生产地或者化学成分不足、过多时，应当重新选择预定地，或者延长管理期限，或者针对不足或过多的成分制定出土壤改良对策。

（一）土壤形态、物理特性

人参栽培地形态特性的影响因素是地形、坡度、坡向；物理特性的影响因素是土壤性质、土壤排水、有效土壤深度、耕作土壤深度、碎石含量等。

（二）土壤的化学特性

选择人参预定地时应当考虑的化学特性有土壤酸度（pH 值）、盐类浓度（EC）、硝酸态氮（NO_3-N）、有机物（OM）、有效磷（Av，P_2O_5）、置换性阳离子（Ex，Cations），这些必要因素可在委托进行土壤检定时同分析表进行比较，借以判定适合范围。

（三）前作物

合适的作物：栽培过禾本科（玉米、麦类等）和豆科作物的土壤比较良好。

不合适的作物：长期种植喜肥性作物（白菜、萝卜、辣椒、大蒜、葱、洋葱、番茄、烟草、生姜等）的地块由于化肥、病害虫过多及被残留农药污染的可能性较大，因此要避免种植人参。

二、休耕管理

建议进行 1~2 年的休耕期管理，一般要进行 1 年期间的休耕管理，但是喜肥性作物的栽培地或新开垦的贫瘠地等土壤条件有些不足的参场，应管理 2 年（图 3-2）。5~10 月进行 15 次以上的深耕（30cm 以上），与上一次的方向交叉翻耕，和沙壤土（沙质泥土）相比，多翻几次黏壤土（黏土）更加有利于土壤的改良，特别是黏壤土要避开过湿或过干，在水分恰当时翻耕。休耕地充分使

图 3-2 土地休耕管理

用纤维质多的有机物，把重点放在改良土壤的物理特性上面。选定的参地在休耕管理后，在其周边设置排水渠。

第三节 催 芽

7月下旬（最晚也要在8月5日以前），选择阴凉处（保持20℃以下），便于灌水、排水的地方。将催芽容器的一半左右埋入地下和地上设置后用土壤覆盖的高设成土法比较好（图3-3）。在露地（无遮盖的土地）上设置时，为防止容器内温度的上升和种子的干燥或雨水的流入，应在容器上面1m的地方设置覆盖物。种子生长的恰当温度是15～20℃，因此要使用温度低的地下水，尽量降低温度。浇水量应以水从排水口流出的程度为准。容器内的水分处于停滞状态时，种子发芽率就会下降。保持适合种子发芽的水分（10%～15%）。播种2～3天前将已催芽的种子从催芽容器中取出，将种子和沙子分离开来，用干净的水清洗，以保持湿润的状态，妥善保管后撒播。如果秋天未能撒播，应将已催芽的种子同沙子混合后埋入露地的地下土中加以保管，待翌年冻土化开后可以撒播，但这样做会降低发芽率。如果将催芽不充分的种子装入另行准备的容器中，在20℃的温度下处理4～7天，就可以提高发芽率。

图3-3 人参种子催芽

第四节 苗田管理

一、苗地的种类

（一）养直苗地

养直苗地是把原野土和农田土按一定比例（3∶1）混合做成育苗用苗床土后，在其上面撒播种子育苗的方法，这是适合于6年生人参生产的最佳方法。

（二）半养直苗地

这是用按照预定地管理的原地土起垄后，将田埂土用四方间隔为1.5cm（大目筛子）或者用上土耙子挑出土块和碎石后修田埂，然后平整床面、撒播种子的方法。种苗参的质量有些低于养直种苗参，但这是一种优良种苗参生产和省力型栽培所需要的苗地。

（三）土直苗地

土直苗地是和半养直苗地一样用按照预定地管理的原地土起垄后，与半养直苗地的做法不同，不用大目筛子筛土，而直接平整田埂上面的土后撒播种子的方法。管理费用比较少，但是和半养直苗地相比，是一种往往产出体形不良的种苗参的苗地。

二、作　床

苗床以10月上旬至11月中旬，自正东向南25°~30°和自正西北向北方向以25°~30°相连接的方向（罗盘115°~120°）适合。

三、播　种

播撒种子2~3天之前，从胚芽催芽容器中取出种子，把种子和沙子用筛子分离开来。用水洗净种子后，为防止变干在阴凉处保管。对保管好的种子进行消毒（遵照病害虫防治标准）后撒播。10月中旬至11月中旬做秋季撒播（秋播），撒播间距为3cm×3cm，

确认播种情况后，用稍粗一点的干净沙子以田埂表面为基准按
0.5cm厚度（种子覆土的厚度约1.5cm）均匀覆盖后，把上面轻轻
压一下，覆土作业结束后覆盖2层稻草苫（先覆盖背面的，后覆
盖南面的）或用稻草覆盖，然后拉上铁丝或草绳紧紧拴住，以免
被风刮跑。

四、苗地遮阳

秋播后或春天土壤解冻后发芽之前打支柱木，绑结椽木、竹帘
子等。4月上、中旬发芽达到30%左右时揭开覆盖田埂的草苫等，
盖上被服物。苗地漏水会诱发严重的病害，因此为防止漏水，在遮
阳材料下面铺垫塑料薄膜，盖上被服物（草苫、PE遮光网等）。

五、种苗参的采挖

3月中旬至3月下旬（秋天移载时间为10月中旬至11月上
旬）因床土未开化采挖有困难时，要预先拆除遮阳设施，让阳光
能够照射地面，待床土完全解冻后采挖。铲掉覆土后，用铁锹或铲
子挖开田埂两侧，作业时要注意防止伤害种苗参。用锄头或人参采
掘用小锄头采挖种苗参，作业时要注意防止伤害种苗参。将采挖的
种苗参送到阴凉的筛选棚，要注意防止干燥。

第五节　移植管理

一、作　床

10月中旬至11月上旬，起垄方向为与苗地相同。

设基准线：在已平整完地面的预定地中央放置罗盘，遵照苗地
起垄的方法设基准线，将田埂按180cm的间距划基准线的平行线
之后挖沟或做出标记。挖出即将成为垄沟的土堆积在即将成为田埂
的地方，用管理机或修床机进行作业。床规格与苗地相同：床宽

90cm，沟宽 90cm，床高 35cm 以上，长 27cm（15 间）以内，可根据地块形状进行加减。

二、种苗参的移载

（一）田埂整理

移栽之前按照规格整理田埂（将土块细细弄碎）。利用床面整地器具可同时进行旋耕作业、田埂表面及两侧面整理等 3 种作业。

（二）移载的时期

3 月中旬至 4 月上旬。

（三）种苗参的消毒

采挖种苗参之后立即移栽时不进行消毒，而采挖后在常温下保管 1 周左右的种苗参要按照病害虫防治标准进行消毒。

（四）移载密度（每间 90cm×180cm）

见表 3-1 所示。

表 3-1　移栽密度

目标年根	行与列（cm×cm）	每间株数	栽植距离（cm×cm）
6	5×9	45	19.5×20.0
	6×9	54	15.0×20.0
4~5	7×9	63	13.0×20.0
	7×10	70	13.0×18.0
	8×9	72	11.1×20.0

注：移栽种苗参的时候，种苗参要在从田埂的前面往里 6cm 的位置上栽种

（五）种苗参的移载方法（程序）

把按照恰当距离做了标记的栽植丈尺放在田埂上面，以 45°斜度挖即将移栽种苗参的部分，但是为了不使种苗参的端部弯曲，要挖深一些。按照栽植丈尺的标记放入种苗参后，为防止滑落用少量的土盖住胴体部分。覆土深度要根据种苗参的大小进行调节，甲参（每 750g 重 800 根以下）为 4cm，乙参（800-1，100 根）为 3cm。

覆土后用木板轻轻敲打田埂表面，这样做可以改善毛细管状态，从而促进发芽。从移栽结束后到出芽之前，为防止干旱和霜冻灾害，可将稻草以对接状态盖在其上，用绳子等绑住，以免被风刮起。如果把人参移栽机用在松软细腻的田埂上，移栽深度和角度准确，可以做到均匀栽植，也有省力效果。

三、遮阳程序

遮阳材料往往有供应不如意的情况，所以要预先决定想要设置的遮阳结构，并提前准备好材料。遮阳材料（木材、铁材）要用标准产品，木材要准备强度大的硬杂木，以便一直到高年生为止均能抗得住暴雪或暴风雨灾害。遮阳材料要选用耐久性强，能够保持恰当的受光量及抑制升温的材料。

（一）设置遮阳设施的时期

移栽之后立即打立支柱木，预先设置椽木、横木（青竹）、辅助椽木等。4月中旬出芽约有50%时覆盖遮阳网（图3-4）。

图3-4　遮阳棚

（二）设置方法

在人参种植地周边支柱木排水渠对岸树立篱笆设施用支柱木，

将其上面部分用橡木同田埂上的支柱木连接后，在篱笆侧面和上面分别用PE遮光网两重织（宽150cm左右）进行附着固定。完全固定通道上面部分的PE遮光网；侧面的PE遮光网只在篱笆中间和下面部分结结实实地固定，以便根据气象条件能够调节篱笆的高度；上面部分按照易于绑解的要求拴住。PE遮光网高度调节前，先将遮光网的上面部分单独降下约一半后再进行。

（三）根据气象条件调节遮光网的方法

在春季的出芽期，将侧面的遮光网完全提升到篱笆用支柱木顶部，借以预防幼梗受伤和褐斑的发生。在夏季的高温期，应将侧面的遮光网降到中间位置，借以抑制遮光设施内温度的上升。有台风警报时，应将侧面的遮光网完全提上去，待台风警报解除后重新降下来。

第六节 覆草栽培

一、覆草材料：稻草或稻草苫

移栽种苗参之后立即用稻草或稻草苫覆盖。把稻草对接起来覆盖（用稻草覆盖时将编制的部分放在外边），用稻草苫覆盖时，如果编制的部分盖住前后行的人参出芽的部位，就会阻碍出芽。

移栽人参之后立即覆草效果比较明显。覆草效果明显的土壤条件是含沙泥土（沙壤土）或容易缺水分和盐类浓度高的圃场。但是，有过湿忧虑的圃场或田埂低矮的圃场不做覆草相对更有利。

二、水分管理

干旱时期由于盐类障碍容易发生黄化现象，有发生早期落叶、结果状况不良之担忧的圃场，灌水是非常有效的方法。灌水必须在床面覆草之后实施，如果一时间大量灌水或高压灌水，就会破坏表土层的土壤孔隙，所以要用少量的水（发生黄化现象时每间8~10L，其他圃场为每间4~8L）慢慢灌水。

三、剪短花颈

除了采种用母本之外，开花之前的 5 月上旬只留下花轴的 5cm 左右。剪短其上面的花茎部分，可以促进根部的发育。

四、采种管理

根据收获年根，4 年生人参以 3 年一次、6 年生以 4 年一次采种为原则。采种母本的选择标准：茎部粗壮，叶子长而大，长叶数和小叶数多的个体，多茎个体只留下生长发育良好的一个茎，其他的花茎全部剪掉；从 7 月中旬至 8 月下旬，只采红熟的果实 2~3 次。彻底去除果肉，用水清洗干净，彻底去除果肉的种子要在阴凉处干燥 1 天以上，用四边 4mm 以上的大目筛子筛选，只使用未通过的种子。

五、补栽（补苗）

2 年生的 10 月中旬至 11 月中旬补栽，补栽的种苗参必须要用和本田相同年根的参。补栽作业要注意防止伤害周围人参的根部，按照移栽当时头部相同的方向以 45°斜度栽植。补栽用种苗参要去除支根之后栽植。

六、越冬管理

去除并焚烧地上部位枯死的茎叶之后覆土，有助于防病。盐类过多圃场田埂表面的覆土作业（用土覆盖）越是接近高年根，表土层（人参头部部位）有大量的盐类上升并聚集，从而引起头部腐烂而缺株的现象。盐类灾害将引起赤变参和地上部分黄化现象的增多，从而导致水参（未晾干的人参）品质的下降及产量的减少。4 年生的时候如果发现田埂表面有盐类聚集现象，应在 10—11 月用干净的黄土或垄沟土将床面覆盖 2~3cm，能够减少灰霉病及缺株现象的发生、大幅增大根部重量及产量、减少赤变参等，提高水参品质。

第七节　水田栽培

一、水田栽培的定义

所谓水田栽培是指在种植过水稻的水田栽培人参的做法。水田栽培的主产地是（韩国的）丰基、锦山、镇安等地。因为水田土壤和旱地土壤的土壤特性互不相同，所以在生产率及品质方面水田参和旱地参呈现一些不同的特征（图3-5）。

图3-5　水田栽培人参

二、水田栽培的优缺点

收获人参后栽培水稻6年以上，可以大幅减少属于烂根病的 *Cylindrocarpon destructans* 和 *Fusarium* spp 的密度，从而能够减少连作障碍，使人参的再次种植成为可能。

由于水田一直大量栽培属于须根植物的水稻，土壤中的颗粒结构优于旱地，整个土壤变得比较松脆，所以具有有利于人参栽培的优点。但是水田栽培同旱地栽培相比，存在着雨季易受涝灾的缺点。

三、选　址

水田栽培方法同旱地栽培方法没有太大的差别，但是水田栽培中防止涝灾最为重要。如果土壤过湿，本应该充满空气的土壤颗粒间的孔隙过多地被水填充，会变成过湿状态，由此导致缺株现象的发生，所以在平坦地块和斜度很小的坡地（2%～7%倾斜）水田地中要选择排水状态良好的沙壤质土壤，在斜度小的坡地（7%～15%倾斜）中要选择排水状态稍微不良或稍微良好的黏壤质土壤。特别要注意的是，雨季有发生涝灾的危险。因为种植水田，在下部层中聚集的肥料成分在设置遮阳设施之后移向表土层，高年生阶段容易引起赤变参和头部腐烂的现象。所以，选择预定地时要选择地势比周边高、水淹危险小、排水良好的地方，并使用稻草、谷壳等改善土壤的物理性质，通过提高田埂高度防止床面过湿。

四、改善排水方法

水田土壤大部分处于低洼地带，而且每年都要灌水，因此经常处于过湿状态。排水方法中有在流入水的水田周边挖排水沟或提高田埂高度，通过田埂之间的通道排水的明渠排水和利用客土改良土壤、施用土壤改良剂、通过压裂深土来实现地面排水、埋没排水管道等暗渠排水方法。水田土壤的过湿尽管有土壤特性上的原因（黏壤质土壤、地下水位高），但是因为属于低洼地带，从周边流入的地表水（径流水）可以说是更大的原因。地表水的切断，即以产生地表水的地点为中心挖深沟设置迂回排水渠，就可以防止地表水所导致的过湿；管理预定地时多搞一些利用青草及其他有机物的深耕，也可以改善土壤的物理性质，提高排水效果。

第八节 直播栽培

一、直播栽培的优点和缺点

优点：省略育苗、种苗参的采挖、筛选、移栽作业，所以能够有效地节减生产成本，而且由于秋天播种可以分散遮阳设施的设置作业。另外，还可以提高短期（4年生）的单产，由于赤变参和根部腐烂现象的减少，短期内能够安全地生产原料水参。

缺点：直播后的一年内同苗地一样进入干燥期后需要加强水分管理，为确保立苗需要做周密细致的管理。而且，如果预定地管理不良或者第一年的管理不善，那么失败的可能性就更大，同时由于实施密植，地上部分容易拔高，导致水参体形变差，产出的主要是小片参。

二、直播栽培方法

（一）预定地管理

直播1年生人参对盐类的抵抗能力弱，所以为了促进出芽，确保立苗，尽可能避免选择盐类含量高的圃场和由于碎石多或黏度大的原因干燥期容易变更的圃场，而要选择表土为沙壤土或壤土，表土层松软的土壤。预定地的管理中，要多施用能够改善土壤物理性质的谷壳等农业副产品。做床时要利用床土整理机挑出粗土块和石头块，使床面变得柔软细腻，这样才能使参根扎得深，支根和须根的发育良好，才能够生产出品质优良、产量高的人参。

（二）播种

播种的最佳时期是秋天冻土之前的10月下旬至11月中旬。如果春季播种，出芽率就会显著下降。播种密度因收获预定年根而有所不同，计划收获3年根时每间约200粒（一般为14行×14列），播得密一些，计划收获4年根以上的人参时每间在150粒以内（一般为 14 行×11 列)，播得稀一些。播种时如果床土水分大，播种丈尺或器械会粘上土堵住播种孔，所以要预先按照 0.3mm 的厚度撒布沙子后播种。播种后恰当的覆土厚度为 1.5cm，覆盖 2 层稻草覆草过冬后，春季发芽之前揭掉一层，只留下一层。

(三) 本田管理

过冬后出芽覆盖覆草、设置遮阳设施，其他管理遵照半养直管理方法实施。干燥期重要的是水分管理，按照水能渗透表土层 5cm 左右的标准少量勤给水，但是如果给水过于频繁，表土会硬化，不利于出芽和生长发育。播种后 3~4 年生的时候要间苗，计划收获 4 年根的圃场每间留苗 70~80 根。计划栽培 5~6 年根时，要在 4 年生时每间留苗 60~70 根。如果不间苗，地上部分将会拔高，易遭病害，反而会减产。如果在 4 年生时按每间 80 根实施密植栽培，那么 6 月中旬之前用蓝色两重织遮光网进行覆盖，防止地上部分的拔高。从 6 月中旬至 8 月下旬要追加覆盖四重织遮光网而只留下遮光网，促进根部的肥大。其他栽培管理遵照本田的栽培管理方法实施。

第九节　收获及收获后管理

一、收获年根

人参的收获年根为 4~6 年根，一般用作红参原料时收获 6 年根，白参原料则收获 4 年根，随着年根的增加个体重量也随之增加，但增加比率在下降。

从休耕管理开始要决定计划收获的年根，慎重管理种苗参的选定和土壤肥力的管理。水参越大、重量越重，裂纹也随之增加，而尺寸越小，裂纹也有减少的趋势。

二、收获时期

人参从 8—10 月进行收获，大体上用于加工红参的在 9—10 月收获，用于加工白参的在 8—10 月收获。早期落叶的参场 8—9 月早一点收获，地上部分健全的参场在 9 月上旬以后收获，收获日程根据情况进行调整。收获日期越早，根部的养分积蓄量越小，人参的比重减少，品质下降，制造红参时内白部分显著增加，次等人参量增多，降低红参收率。但是如果收获过晚，也会使红参品质下降。

三、收获方法

拆除遮阴设施，收割人参茎叶后去除床面的覆草，然后使用采挖专用小锄头和人参收获机等进行采收，采收时要注意防止损伤参根。使用人参收获机时的注意事项：参床的前端和末端部分（各约 3m 左右）用人工收获，腾出拖拉机能够转弯的空间；应使收获机的镰刀从床面切入 20cm 以上的深处，但是如果切入深度达到垄沟底面以下，就有因过载而发生故障的危险；拖拉机以 1 挡速度徐徐开动，向有头部的方向收获。

四、水参（未晾干的鲜参）筛选与收获的管理

为防止收获的水参变干，把它们转移到阴凉处后抖落人参根的土，区分健全的人参和受病害虫的参，以及大小等，然后在收获现场装入厚纸箱等进行包装（图 3-6）。水参的储运过程中，如果用不能通风的塑料类进行包装，就有根部发生变质的危险，所以要避免。水参的储藏要在低温（3~8℃）条件下保管。

另外，打算收获 5 年以上的水参时可以申请水参年根的确认。有关年根确认的申请要在采收前 3 天提交规定的申请书，而水参年根的确认程序、方法、检查等相关事项是在韩国《人参产业法施行规则》第八条（农业部令）中做了规定。

图 3-6　筛选水参

水参的品质因土壤和气象条件及栽培方法的不同而有很大的差异。即便是在相同条件下栽培的水参，其根重或形态等方面出现差异是常有的事情。水参的品质大体上可以区分为以新鲜状态供应消费者的水参和作为一次加工产品（红参和白参）的水参。特别是原料用水参应当具备能够制造品质优良的红参或白参的品质条件。

第十节　自然灾害对策

一、雪　灾

积雪灾害主要是在过冬期间的 1—3 月发生。因遮阳状态的不同而有所差异，但是 20cm 以上的雪以雨雪的状态下落时灾情会加重。最近 10 多年由雪灾所导致的遮阳设施的破损中，按照标准耕作法、遵守遮阳规格和材料规格而牢固设置遮阳设施的围场受害情况比较轻。

为了节省遮阳材料费用或劳动力而使用未达规格的材料，或者替代前后横木使用铁丝或弦线的遮阳设施受害较重。

雪灾严重的地方最好要替代后柱连接式而设置惯用的前后柱连接式遮阳结构，如果还要设置后柱连接式，就应该冬天收起遮光网，翌年春天重新设置。

二、高温障碍

在发育初期的5—6月和发育中期的7—8月，如果30℃以上的气温持续5天以上时会发生高温障碍。高温灾害的第一个症状是，叶的边缘被烧成黑褐色，导致地上部分枯死。这种情况主要发生在高温地区的1~2年生中，在高温和土壤水分不足或过湿条件下多有发生。如果在7—8月高温干燥的天气持续下去，就会增加日照量，导致遮阳设施内部温度升高而相对湿度下降，在促进增产作用的同时，由于降水量不足，土壤缺少水分，容易受到高温灾害。高温灾害的第二个症状是，从叶子端部开始变成黑褐色并变干，但是整个植物体并非一下子枯死。土壤盐类浓度达到1.0ds/m以上的高位或土壤水分含量在10%以下低位的情况下，如果发生持续性的高温，便会诱发叶子端部被烧坏的症状，这是由于土壤中的盐类浓度过高导致细根脱落，水分吸收功能减弱而发生的。如果在预定地管理中作为基肥过多地使用鸡粪、牛粪等，就会推高盐类浓度，导致高温灾害的增加。高温障碍随地形、遮阳方向、前后柱的高度、覆盖物的种类、垄的长度及有没有设置改良篱笆等，在发生程度上出现很大的差异。南向及南西向坡地、前后柱的高度低于标准、遮阳宽度和垄沟宽度小的地方、垄的长度太长、没有在每隔30m的位置上设置通道的地方，以及未设改良篱笆的地方都会增加高温障碍。高温障碍在根部发育还不够充分、根子主要在容易干燥的表土层中分布的苗参和2年根人参中比较严重，而根子大部分分布在深土层里面的高年根人参受害则比较轻。

设置遮阳设施时要遵守标准规格，抑制遮阳设施内温度的上升。遵守遮阳方向，每隔15~26间（27~36m）要设置一条通道，不设改良篱笆而设置侧帘和后帘促进通风。高温期里设置面帘，追加覆盖黑色的二重织，挡住过度的透光。高温灾害多发地区在选择预定地时首先要考虑地形，尽量避开南向、南西向及谷涧地的低洼地带。遮阳方向朝向东方，即整个上午射入直射光线的地方，人参种植地位于向南倾斜的坡地上。日照时间长的地尽量避免种植人参。细根发育旺盛，其耐高温能力越强。与此相反，细根发育越是不良，耐高温能力就越差。所以，为防止由于土壤盐类浓度高，细根发育不良而增加高温灾害，管理预定地时要抑制使用家禽粪尿，防止土壤盐类浓度的增加，要在预定地中大量使用纤维质多的有机物或者稻草等，改善物理性质，减少土壤盐类浓度，营造细根能够很好发育的土壤环境。通过提高土壤的有机物使用量，增强土壤的水分保持能力，防止土壤过干，预防高温灾害。在土壤干燥的地方，利用滴水管在高温干燥期以2~3天的间隔灌溉2小时，每小时灌溉2L左右。而且，高温适应能力增强之后，要在处于全叶期的4月下旬至5月上旬增加透光量，提高人参的高温耐性。

三、涝灾

主要是在6—7月的汛期受台风影响降水量在2个月期间达到700mm以上，每日降水量超过200mm时发生。如果在遮阳结构的前后面替代青竹或横木使用铁丝或弦线，可以节减材料费。但是，因为设置1~2年后铁丝或弦线松弛，台风袭来时容易倒塌，覆盖物也变得松松垮垮，所以漏水量大，这时会大幅增加赤变参和早期落叶。另外，覆盖物的坡度小，覆盖物没有张紧，凹凸不平，有使用不良材料的遮阳设施的地方，在雨季4年根以上的高年根参开始集中增加赤变参、早期落叶、根部腐烂、缺株等现象。

设置遮阳设施时要使用优良覆盖物，遵守规定的遮阳角度，保持覆盖物的张紧状态，以应对暴雨灾害。移栽后每年利用管理机开展垄沟除草、覆土作业、设置排水渠、田埂打紧作业等，保持田埂的高度，以抑制赤变参和乱发参的发生。

四、台风灾害

台风灾害主要是在处于生长发育中期阶段的7月开始，到后期阶段10月之间，在刮来15m/秒以上的台风时发生。因受台风的袭击，遮阳设施遭到破坏，人参的地上部分受到损伤，叶子被刮落或撕裂，叶子掉落后根部不再生长，根重反而减少。因为台风往往伴随暴雨，所以要注意防止涝灾，设置遮阳设施一定要遵守标准规格，借以预防风灾，其他的栽培管理也要按照防涝要领实施。

五、冷　害

主要是在处于全叶时期的4月下旬至5月上旬发生。出芽时的恰当温度为7~15℃，如果下降到0.5℃以下时会发生冷害。受冷害时叶子不能展开，萎缩卷曲，茎秆不能生长、变厚。冷害严重时会直接枯死，或者即使不枯死，也在茎秆受害部位发生茎斑病或灰霉病，造成二次伤害。冷害同出芽期关系密切，出芽早时容易受到冷害。移栽当年如果覆草过薄，受日光就会增多，这就导致早期出芽，容易受到冷害，但是如果遮阳设施设置过晚，又有可能发生霜冻而受冷害。

参考文献

陈福顺，2003. 长白山人参栽培史证初探［J］. 人参研究（2）：54-74.

付立国，1992. 中国植物红皮书：稀有濒危植物［M］. 北京：科学出版社.

宫喜臣，1993. 清代人参栽培业的历史沿革［J］. 人参研究（3）：43-45.

何景，曾沧江，1973. 中国人参属植物的订正［J］. 植物分类学报，11（4）：431-438.

兰进，1985. 人参栽培类型的初步调查［J］. 吉林农业科学（3）：92.

李翱，阳存武，章酒荣，1992. 西洋参与人参木栓组织比较［J］. 中草药，14（7）：22.

李方元，2008. 中国人参和西洋参［M］. 北京：中国农业科学技术出版社.

李峰，马梅芳，1996. 人参、西洋参的荧光光谱鉴别［J］. 中药材，19（10）：499-500.

李向高，2001. 西洋参研究［M］. 北京：中国科学技术出版社.

李智，2004. 西洋参中掺杂人参的鉴别［J］. 人参研究，16（1）：37-38.

刘炳仁，于瑞兰，刘坤，等，2008. 人参高效栽培新技术［M］. 北京：科学技术文献出版社.

刘琪憬，王贺新，杨秀清，1994. 野山参自然分布的典型原始阔叶红松林群落及其特征研究 [J]. 植物研究, 14 (3): 292-295.

刘兴权, 王荣生, 钱素文, 1992. 野山参的生长发育规律 [J]. 中国林副特产, 20 (1): 6-7.

刘兴权, 2001. 中草药人工栽培与加工技术 [M]. 北京: 中国农业科技出版社.

马树庆, 梁洪海, 1991. 长白山区人参栽培气候生态适应性及其分布的研究 [J]. 自然资源报, 6 (1): 63-70.

马小军, 汪小全, 肖培根, 等, 2000a. 国产人参种质资源研究进展 [J]. 中国药学杂志, 35 (5): 289-292.

潘国良, 柴清军, 2002. 显微定量法鉴别人参与西洋参 [J]. 中国药业, 11 (7): 52.

盛承禹, 陆菊中, 汤克靖, 等, 1986. 中国气候总论 [M]. 北京: 科学出版社.

孙三省, 张志民, 任国栋, 等, 1997. 野山参的分类与鉴别 [J]. 中国中药杂志, 增刊: 11.

孙文采, 王嫣绢, 1994. 中国人参文化 [M]. 上海: 新华出版社.

王铁生, 2001. 中国人参 [M]. 沈阳: 辽宁科学技术出版社.

王振堂, 刘静玲, 汝少国, 1992. 人参种群 2000 年间向北消退的历史及其与人口压力关系的初步分析 [J]. 生态学报, 12 (3): 252-290.

吴广营, 卫永弟, 宋长春, 等, 1988. 野山参与园参中皂苷含量的对比分析 [J]. 药学通报 (23): 397.

肖培根, 1962. 我国东北地区野山参的初步调查 [J]. 药学学报, 9 (6): 340-349.

肖培根, 朱兆仪, 张福泉, 等, 1987. 人参的研究及栽培 [M]. 北京: 中国农业出版社.

徐克学, 李德中, 1983. 我国人参属数量分类研究初试

[J]. 植物分类学报, 21 (1): 34-43.

徐昭玺, 岳湘, 2005. 人参西洋参栽培百问百答 [M]. 北京: 中国农业出版社.

许永华, 宋心东, 于淑莲, 2004. 吉林省参业对自然资源的影响及可持续发展对策 [J]. 人参研究 (4): 15-17.

杨涤清, 1981. 几种人参属植物的细胞分类学研究 [J]. 植物分类学报, 19 (3): 298-303.

云南省植物研究所, 1975. 人参属植物的三菇成分和分类系统地理分布的关系 [J]. 植物分类报, 13 (2): 29-45.

张其书, 王飒, 1984. 人参生态气候环境及种植地域适应性的研究 [J]. 植物生态学报 (2): 78-81.

张树臣, 1992. 中国人参 [M]. 上海: 上海科技教育出版社.

张享元, 1988. 全国人参科技资料汇编 [M]. 长春: 吉林科技出版社.

张渝华, 1995. 人参西洋参的显微簇晶鉴别 [J]. 中国中药杂志, 2 (9): 523.

赵冬梅, 1992. 人参西洋参生药的快速鉴别 [J]. 特产研究 (4): 41.

赵寿经, 刘任重, 1994. 不同类型人参数量性状的综合比较分析 [J]. 特产研究 (4): 1-4.

郑友兰, 李向高, 1986. 吉林人参与西洋参生药学和组织化学的比较研究 [J]. 吉林农业大学学报, 8 (4): 30.

庄文庆, 1993. 药用植物育种学 [M]. 北京: 农业出版社.